河南省城市绿地养护预算定额

黄河水利出版社

图书在版编目(CIP)数据

河南省城市绿地养护预算定额/河南省风景园林学会,河南省建筑工程标准定额站主编.—郑州:黄河水利出版社,2018.1

ISBN 978-7-5509-1963-1

Ⅰ.①河… Ⅱ.①河…②河… Ⅲ.①城市绿地-植物保护-预算定额-河南 Ⅳ.①S731.2

中国版本图书馆CIP数据核字(2018)第017133号

出 版 社:黄河水利出版社

地址:河南省郑州市顺河路黄委会综合楼14层　　邮政编码:450003

发行单位:黄河水利出版社

发行部电话:0371-66026940、66020550、66028024、66022620(传真)

E-mail:hhslcbs@126.com

承印单位:河南承创印务有限公司

开本:890mm×1240mm 1/16

印张:8.75

字数:247千字　　印数:1—5000

版次:2018年1月第1版　　印次:2018年1月第1次印刷

定价:56.00元

河南省住房和城乡建设厅文件

豫建设标〔2018〕2 号

河南省住房和城乡建设厅关于发布《河南省城市绿地养护预算定额》的通知

各省辖市、各直管县(市)住房和城乡建设局(委),城市管理局,郑州航空港经济综合实验区市政建设环保局:

为贯彻《住房城乡建设部关于进一步推进工程造价管理改革的指导意见》(建标〔2014〕142号)精神,落实《河南省城市绿地养护标准》(DBJ41/T172-2017),促进全省城市绿地养护作业标准化,提高全省城市绿地养护管理水平,发挥城市绿地生态功能,我厅委托河南省风景园林学会组织编写了《河南省城市绿地养护预算定额》(编号:HA A2-41-2018)(以下简称本定额),现已评审通过,予以发布实施。

本定额适用于河南省城市规划区内已建成移交的绿地养护工程,自 2018 年 2 月 1 日起施行,由河南省住房和城乡建设厅负责管理和解释。

附件:《河南省城市绿地养护预算定额》编写单位和编写人员

河南省住房和城乡建设厅

2018 年 1 月 10 日

附件

《河南省城市绿地养护预算定额》编写单位和编写人员

一、主编单位

河南省风景园林学会、河南省建筑工程标准定额站

二、参编单位

郑州市园林局、洛阳市城市管理局、安阳市园林绿化管理局、信阳市园林绿化管理局、平顶山市园林绿化处、黄河园林集团有限公司、郑州市园林绿化实业有限公司、春泉园林股份有限公司、河南省绿洲园林有限公司、河南鼎盛园林工程有限公司、裕华生态环境股份有限公司、河南绿泽市政园林工程有限公司、绿建景观设计工程有限公司

三、编写人员

刘红生、徐佩莹、王　领、毕庆坤、董莹莹、郭　真、韩莉娟、向炎辉、赵　岩、罗　娟、朱晓宇、闫创新、姚　宏、罗　民、刘园园、杨永青、郑代平、李桂芝、韩建江、闫瑞凤、史屹峰、铁　慧、徐昌桢、宋笑萍、尚向华、岳小帮、曾西芬、樊良情、张　超、李庆恩、王永庆、王建发、胡文辉、郭　峰、吕锡敏、孙京伟、陈　颖、张　旭、王　磊、田　璐、权　燕、马芳芳、王慧霞、杨　栋、元合玲、荆　伟、段利超、何成俊、袁仁成、王景玉、陈　伟、王跃茹、崔长瑜、万俊丽、袁美丽、王新权、段文彬、刘经纬、王　伟、刘　军、郭庆华、薛勤朋、王金玉、王鑫鹏、丁　鸽

四、审定人员

田国行、庞立新、刘本彩、赵有国、郭风民、张瑞玲、高雪梅、李跃堂、段钢岭

《河南省城市绿地养护预算定额》
编制领导小组名单

编制工作领导小组：郭风春　李新怀　刘迳一　刘江明　刘红生
胡智慧　韩兴阳　李　欣　徐佩莹　王　领

主　编　单　位：河南省风景园林学会
河南省建筑工程标准定额站

参　编　单　位：郑州市园林局
洛阳市城市管理局
安阳市园林绿化管理局
信阳市园林绿化管理局
平顶山市园林绿化处
黄河园林集团有限公司
郑州市园林绿化实业有限公司
河南省绿洲园林有限公司
春泉园林股份有限公司
河南绿泽市政园林工程有限公司
河南鼎盛园林工程有限公司
裕华生态环境股份有限公司
绿建景观设计工程有限公司

主　编：王　领

副　主　编：徐佩莹　毕庆坤　董莹莹

编　审　人　员：郭　真　韩莉娟　向炎辉　朱晓宇　赵　岩　闫创新
姚　宏　罗　民　杨永青　罗　娟　刘园园　铁　慧
徐昌桢　宋笑萍　尚向华　岳小帮　曾西芬　樊良情
张　超　李庆恩　刘俐含　王永庆　郑代平　李桂芝
韩建江　闫瑞凤　史屹峰　赵志营　王建发　胡文辉
郭　峰　吕锡敏　孙京伟　陈　颖　王　磊　田　璐
权　燕　张　旭　马芳芳　王慧霞　杨　栋　丁　鸽
元合玲　荆　伟　段利超　何成俊　袁仁成　王景玉
陈　伟　王跃茹　崔长瑜　万俊丽　袁美丽　王新权
段文彬　刘经纬　王　伟　刘　军　郭庆华　薛勤朋
王金玉　王鑫鹏

评　审　专　家：田国行　庞立新　刘本彩　赵有国　郭风民
张瑞玲　高雪梅　李跃堂　段钢岭

软　件　支　持：河南金鲁班信息技术有限公司

出　版　单　位：黄河水利出版社

目　录

总 说 明

一、《河南省城市绿地养护预算定额》（编号：HA A2－41－2018）（以下简称本定额）是依据《河南省城市绿地养护标准》（DBJ41/T172－2017）（以下简称养护标准），参照住房和城乡建设部与财政部《关于印发〈建筑安装工程费用项目组成〉的通知》（建标〔2013〕44号）、住房和城乡建设部办公厅《关于做好建筑业营改增建设工程计价依据调整准备工作的通知》（建办标〔2016〕4号）、《城市绿地分类标准》（CCJ/T85－2002），结合河南省园林绿地养护管理需要编制的。

二、本定额共九章，包括乔木，行道树，灌木、藤本植物，整形植物，草坪和地被植物，竹类，水生植物，卫生清洁，巡查保护。

三、本定额不包括绿地内公厕的管理费用，发生时，按照《河南省城市环境卫生作业劳动定额》的规定计算。

本定额不包括绿地内的建筑物和构筑物的维修费用，发生时，另行计算。

四、本定额适用于河南省城市规划区内已建成移交的绿地养护管理。乡镇绿地养护管理可参考执行。

五、本定额依据河南省绿地养护单位平均养护作业水平综合取定，是编审投资估算指标、设计概算指标、招标控制价的依据，是编制养护单位定额、考核绿地养护工程成本、进行投标报价、选择经济合理的绿地养护方案的参考。

六、本定额工程造价计价程序表中规定的费用项目包括分部分项工程费、措施项目费、其他项目费、规费、增值税。本定额基价各项费用按照增值税原理编制，适用一般计税方法，各项费用均不含可抵扣增值税进项税额。

七、本定额基价由人工费、材料费、机械使用费、安文费、管理费、利润、规费组成，绿地养护工程造价计价时可按需要分析统计、核算。其中其他措施费未计入，发生时，可另行计算。

八、本定额基价是定额编制基期暂定价，按市场最终定价原则，基价中涉及的有关费用按动态原则调整。

九、本定额基价中的人工费是根据有关规定，经测算的基期人工费。基期人工费在本定额实施期，由工程造价管理机构结合建筑市场情况，定期发布相应的价格指数调整。

十、本定额人工工日的取定是依据城市绿地的管理情况综合确定的，宽度小于3m的绿化分车带养护费用按相应定额子目乘以系数1.05。

十一、本定额基价中的材料费是根据本定额基价的材料单价计算的基期材料费，在绿地养护工程造价的不同阶段（招标、投标、结算），材料价格可按约定调整。

本定额基价中的材料单价是结合市场、信息价综合取定的基期价。该材料价格为材料送达养护现场仓库（或现场堆放地点）的出库价格，包含运输损耗、运杂费和采购保管费。

本章定额中未明确的材料均列入其他材料费中。

十二、本定额基价中的机械使用费是根据相关规则计算的基期机械使用费，是按自有机械进行编制的。机械使用费可选下列一种方法调整：一是按本定额机械台班中的组成人工费、燃料动力费进行动态调整；二是按造价管理机构发布的租赁信息价直接与本定额基价中的台班单价调差。

本章定额中未明确的机械均列入其他机械费中。

十三、本定额基价中的管理费为基期费用，按照相关规定实行动态调整。

十四、本定额中的病虫害防治是指常见的病虫害防治。爆发性病虫害及检疫病虫的防治除外。

十五、本定额第1章至第8章的工作内容中,已包含了相应工作产生的垃圾收集,清运至垃圾临时堆放地点。

十六、本定额现场水平运距按30m取定,每增加20m,定额人工工日增加10%。垂直运距超过3m时,每增加1m,折合水平运距7m。

本定额是按照地形平整(坡度≤10°)条件下编制的,若坡度>10°,定额人工乘以下表系数:

坡度(°)	10~30	30~45	45~60	60以上
系数	1.2	1.5	3	5

十七、本定额基价中的安全文明养护费、规费为不可竞争费,按足额计取。

十八、本定额基价未考虑市场风险因素。

十九、本定额基价中注明有“×××以内或以下”者,包括×××本身;“×××以外或以上”者,则不包括×××本身。

二十、本定额的工作内容及其消耗量是指一个年度的养护工作量和消耗水平。如遇不可抗力或特殊情况,另行计算。

二十一、本定额中带有“< >”的机械为选用项,当实际选用带“< >”的机械时,其费用应计算。

二十二、复合型绿地(是乔、灌、草组合配置,上层以乔木为主,中层由灌木填补,地面栽花种草和地被的绿地种植模式,垂直面上形成乔、灌、草空间互补和重叠效果的绿地)应削减掉该绿地内乔木、单株灌木的用水、用药、用肥量和对应的人工工日,以草坪或地被植物为基数计价。

二十三、本定额不含非养护原因造成的苗木补植、花卉更换、古树名木养护、园林设施修缮维护。发生时,另行计算。

二十四、单位为株的乔木、灌木,如无法表现出明确的单株状态的,在实际应用中,可在合同中约定。

二十五、本定额的养护级别分为一级养护、二级养护、三级养护三个等级。

二十六、本定额中人工按8小时工作制。

二十七、本定额基价中不含防寒、排涝措施费用,若发生,另行计算。

二十八、本定额由河南省住房和城乡建设厅负责管理和解释,由河南省风景园林学会提供技术支持。

费用组成说明及工程造价计价程序表

根据住房和城乡建设部与财政部《关于印发〈建筑安装工程费用项目组成〉的通知》(建标〔2013〕44 号)、住房和城乡建设部办公厅《关于做好建筑业营改增建设工程计价依据调整准备工作的通知》(建办标〔2016〕4 号)、财政部和国家税务总局《关于全面推开营业税改征增值税试点的通知》(财税〔2016〕36 号),结合河南省实际,确定河南省养护工程费用项目组成如下:

养护工程费用由分部分项工程费、措施项目费、其他项目费、规费、税金组成,定额各项费用组成中均不含可抵扣进项税额。

一、分部分项工程费

(一)人工费:是指按工资总额构成规定,支付给从事养护工程的生产工人和附属生产单位工人的各项费用。内容包括:

1. 计时工资或计件工资:是指按计时工资标准和工作时间或对已做工作按计件单价支付给个人的劳动报酬。

2. 奖金:是指对超额劳动和增收节支支付给个人的劳动报酬。如节约奖、劳动竞赛奖等。

3. 津贴补贴:是指为了补偿职工特殊或额外的劳动消耗和因其他特殊原因支付给个人的津贴,以及为了保证职工工资水平不受物价影响支付给个人的物价补贴。如高温(寒)作业临时津贴、高空津贴等。

4. 加班加点工资:是指按规定支付的在法定节假日工作的加班工资和在法定日工作时间外延时工作的加点工资。

5. 特殊情况下支付的工资:是指根据国家法律、法规和政策规定,因病、工伤、产假、计划生育假、婚丧假、事假、探亲假、定期休假、停工学习、执行国家或社会义务等原因按计时工资标准或计时工资标准的一定比例支付的工资。

(二)材料费:是指养护过程中耗费的原材料、辅助材料、构配件、零件、半成品或成品、工程设备的费用。内容包括:

1. 材料原价:是指材料、工程设备的出厂价格或商家供应价格。

2. 运杂费:是指材料、工程设备自来源地运至养护现场仓库或指定堆放地点所发生的全部费用。

3. 运输损耗费:是指材料在运输装卸过程中不可避免的损耗。

4. 采购及保管费:是指为组织采购、供应和保管材料、工程设备的过程中所需要的各项费用。包括采购费、仓储费、养护现场保管费、仓储损耗。

材料运输损耗率、采购及保管费费率表见附件。

工程设备是指构成永久工程一部分的机电设备、金属结构设备、仪器装置及其他类似的设备和装置。

(三)养护机具使用费:是指养护作业所发生的养护机械、仪器仪表使用费或其租赁费。内容包括:

1. 养护机械使用费:以养护机械台班耗用量乘以养护机械台班单价表示,养护机械台班单价应由下列七项费用组成:

(1)折旧费:是指养护机械在规定的使用年限内,陆续收回其原值的费用。

(2)大修理费:是指养护机械按规定的大修理间隔台班进行必要的大修理,以恢复其正常功能所需的费用。

(3)经常修理费:是指养护机械除大修理以外的各级保养和临时故障排除所需的费用。包括为保障机械正常运转所需替换设备与随机配备工具附具的摊销和维护费用,机械运转中日常保养所需润滑与擦拭的材料费用及机械停滞期间的维护和保养费用等。

(4)安拆费及场外运费:安拆费是指养护机械(大型机械除外)在现场进行安装与拆卸所需的人工、材料、机械和试运转费用以及机械辅助设施的折旧、搭设、拆除等费用;场外运费是指养护机械整体或分体自停放地点运至养护现场或由一养护地点运至另一养护地点的运输、装卸、辅助材料及架线等费用。

(5)人工费:是指机上司机(司炉)和其他操作人员的人工费。

(6)燃料动力费:是指养护机械在运转作业中所消耗的各种燃料及水、电等。

(7)税费:是指养护机械按照国家规定应缴纳的车船使用税、保险费及年检费等。

2. 仪器仪表使用费:是指工程养护所需使用的仪器仪表的摊销及维修费用。

(四)养护单位管理费:是指养护单位组织养护生产和经营管理所需的费用。内容包括:

1. 管理人员工资:是指按规定支付给管理人员的计时工资、奖金、津贴补贴、加班加点工资及特殊情况下支付的工资等。

2. 办公费:是指养护单位管理办公用的文具、纸张、账表、印刷、邮电、书报、办公软件、现场监控、会议、水电、烧水和集体取暖降温(包括现场临时宿舍取暖降温)等费用。

3. 差旅交通费:是指职工因公出差、调动工作的差旅费、住勤补助费,市内交通费和误餐补助费,职工探亲路费,劳动力招募费,职工退休、退职一次性路费,工伤人员就医路费,工地转移费以及管理部门使用的交通工具的油料、燃料等费用。

4. 固定资产使用费:是指管理和试验部门及附属生产单位使用的属于固定资产的房屋、设备、仪器等的折旧、大修、维修或租赁费。

5. 工具用具使用费:是指养护单位生产和管理使用的不属于固定资产的工具、器具、家具、交通工具和检验、试验、测绘、消防用具等的购置、维修和摊销费。

6. 劳动保险和职工福利费:是指由养护单位支付的职工退职金、按规定支付给离休干部的经费,集体福利费、夏季防暑降温、冬季取暖补贴、上下班交通补贴等。

7. 劳动保护费:是养护单位按规定发放的劳动保护用品的支出。如工作服、手套、防暑降温饮料以及在有碍身体健康的环境中养护的保健费用等。

8. 检验试验费:是指养护单位按照有关标准规定,对土壤及其他材料等进行一般鉴定、检查所发生的费用,包括自设试验室进行试验所耗用的材料等费用。对养护单位提供的具有合格证明的材料进行检测不合格的,该检测费用由养护单位支付。

9. 工会经费:是指养护单位按《中华人民共和国工会法》规定的全部职工工资总额比例计提的工会经费。

10. 职工教育经费:是指按职工工资总额的规定比例计提,养护单位为职工进行专业技术和职业技能培训,专业技术人员继续教育、职工职业技能鉴定、职业资格认定以及根据需要对职工进行各类文化教育所发生的费用。

11. 财产保险费:是指养护管理作业过程中使用的固定资产、车辆等的保险费用。

12. 财务费:是指养护单位为养护生产筹集资金或提供预付款担保、履约担保、职工工资支付担保等所发生的各种费用。

13. 税金:是指养护单位按规定缴纳的房产税、车船使用税、土地使用税、印花税等。

14. 其他:包括技术转让费、技术开发费、投标费、业务招待费、绿化费、广告费、公证费、法律顾问费、审计费、咨询费、保险费等。

(五)利润:是指养护单位完成所承包工程获得的盈利。

二、措施项目费:是指为完成工程养护,发生于该工程养护前和养护过程中的技术、生活、安全、环境保护等方面的费用。内容包括:

(一)安文费:按照国家现行的养护安全、养护现场环境与卫生标准和有关规定,购置和更新养护安全防护用具及设施、改善安全生产条件和作业环境及因养护现场扬尘污染防治标准提高所需要的费用。内容包括:

1. 环境保护费:是指养护现场为达到环保部门要求所需要的费用,不包含临时性环保达标任务所产生的额外费用(或高出环境保护费率部分,如产生,由养护单位与养护方协商解决)。

2. 文明养护费:是指养护现场文明养护所需要的各项费用。

3. 安全养护费:是指养护现场安全养护所需要的各项费用。

4. 扬尘污染防治增加费:是指根据河南省实际情况,养护现场扬尘污染防治标准提高所需增加的费用。

(二)单价类措施费:是指计价定额中规定的,在养护过程中可以计量的措施项目。

(三)其他措施费(费率类):是指计价定额中规定的,在养护过程中不可计量的措施项目。内容包括:

1. 夜间养护增加费:是指因夜间养护所发生的夜班补助费、夜间养护降效、夜间养护照明设备摊销及照明用电等费用。

2. 二次搬运费:是指因养护场地条件限制而发生的材料、构配件、半成品等一次运输不能到达堆放地点,必须进行二次或多次搬运所发生的费用。

3. 其他。

三、其他项目费

1. 暂列金额:是指养护单位在工程量清单中暂定并包括在工程合同价款中的一笔款项。用于养护合同签订时尚未确定或者不可预见的所需材料、工程设备、服务的采购,养护中可能发生的工程变更、合同约定调整因素出现时的工程价款调整以及发生的索赔、现场签证确认等的费用。

2. 计日工:是指在养护过程中,养护单位完成养护合同以外的零星项目或工作所需的费用。

3. 其他项目。

四、规费:是指按国家法律、法规规定,由省级政府和省级有关权力部门规定必须缴纳或计取的费用。内容包括:

(一)社会保险费

(1)养老保险费:是指养护单位按照规定标准为职工缴纳的基本养老保险费。

(2)失业保险费:是指养护单位按照规定标准为职工缴纳的失业保险费。

(3)医疗保险费:是指养护单位按照规定标准为职工缴纳的基本医疗保险费。

(4)生育保险费:是指养护单位按照规定标准为职工缴纳的生育保险费。

(5)工伤保险费:是指养护单位按照规定标准为职工缴纳的工伤保险费。

(二)住房公积金:是指养护单位按规定标准为职工缴纳的住房公积金。

(三)工程排污费:是指按规定缴纳的养护现场工程排污费。

(四)其他应列而未列入的规费,按实际发生计取。

五、增值税:是根据国家税务有关规定,计入养护工程造价内的增值税。

附件1:材料运输损耗率、采购及保管费费率表(除税价格)

附件2:工程造价计价程序表(一般计税方法)

附件3:工程造价计价程序表(简易计税方法)

附件 1

材料运输损耗率、采购及保管费费率表(除税价格)

序号	材料类别名称	运输损耗率(%)		采购及保管费费率(%)	
		承包方提运	现场交货	承包方提运	现场交货
1	肥料	1.52	—	1.41	0.94
2	药剂	1.26	—	1.01	0.67
3	水	1.16	—	1.90	1.27
4	涂白剂	1.33	—	1.50	1
5	花盆	1.08	—	1.30	0.87
6	有机肥	1.04	—	1.11	0.74
7	无机肥	1.77	—	1.26	0.84

注:①业主供应材料(简称甲供材)时,甲供材应以除税价格计入相应的综合单价子目内。

②材料单价(除税)=(除税原价+材料运杂费)×(1+运输损耗率+采购及保管费费率)

或:材料单价(除税)= 材料供应到现场的价格×(1+采购及保管费费率)。

③业主指定材料供应商并由承包方采购时,双方应依据注②的方法计算,该价格与综合单价材料取定价格的差异应计算材料差价。

④甲供材到现场,承包方现场保管费可按下列公式计算(该保管费可在税后返还甲供材料费内抵扣):现场保管费=材料供应到现场的价格×现场交货费费率。

附件2

工程造价计价程序表(一般计税方法)

序号	费用名称	计算公式	备注
1	分部分项工程费	[1.2]+[1.3]+[1.4]+[1.5]+[1.6]+[1.7]	
1.1	其中:综合工日	定额基价分析	
1.2	定额人工费	定额基价分析	
1.3	定额材料费	定额基价分析	
1.4	定额机械费	定额基价分析	
1.5	定额管理费	定额基价分析	
1.6	定额利润	定额基价分析	
1.7	调差:	[1.7.1]+[1.7.2]+[1.7.3]+[1.7.4]	
1.7.1	人工费差价		
1.7.2	材料费差价		不含税价调差
1.7.3	机械费差价		
1.7.4	管理费差价		按规定调差
2	措施项目费	[2.2]+[2.3]+[2.4]	
2.1	其中:综合工日	定额基价分析	
2.2	安全文明养护费	定额基价分析	不可竞争费
2.3	单价类措施费	[2.3.1]+[2.3.2]+[2.3.3]+[2.3.4]+[2.3.5]+[2.3.6]	
2.3.1	定额人工费	定额基价分析	
2.3.2	定额材料费	定额基价分析	
2.3.3	定额机械费	定额基价分析	
2.3.4	定额管理费	定额基价分析	
2.3.5	定额利润	定额基价分析	
2.3.6	调差:	[2.3.6.1]+[2.3.6.2]+[2.3.6.3]+[2.3.6.4]	
2.3.6.1	人工费差价		
2.3.6.2	材料费差价		不含税价调差
2.3.6.3	机械费差价		
2.3.6.4	管理费差价		按规定调差
2.4	其他措施费(费率类)	[2.4.1]+[2.4.2]	

续表

序号	费用名称	计算公式	备注
2.4.1	其他措施费(费率类)	定额基价分析	
2.4.2	其他(费率类)		按约定
3	其他项目费	[3.1]+[3.2]+[3.3]+[3.4]+[3.5]	
3.1	暂列金额		按约定
3.2	专业工程暂估价		按约定
3.2	计日工		按约定
3.4	总承包服务费	业主分包专业工程造价×费率	按约定
3.5	其他		按约定
4	规费	[4.1]+[4.2]+[4.3]	不可竞争费
4.1	定额规费	定额基价分析	
4.2	工程排污费		据实计取
4.3	其他		
5	不含税工程造价	[1]+[2]+[3]+[4]	
6	增值税	[5]×11%	一般计税方法
7	含税工程造价	[5]+[6]	1

附件3

工程造价计价程序表(简易计税方法)

序号	费用名称	计算公式	备注
1	分部分项工程费	[1.2]+[1.3]+[1.4]+[1.5]+[1.6]+[1.7]	
1.1	其中:综合工日	定额基价分析	
1.2	定额人工费	定额基价分析	
1.3	定额材料费	定额基价分析	
1.4	定额机械费	定额基价分析/(1-11.34%)	
1.5	定额管理费	定额基价分析/(1-5.13%)	
1.6	定额利润	定额基价分析	
1.7	调差:	[1.7.1]+[1.7.2]+[1.7.3]+[1.7.4]	
1.7.1	人工费差价		
1.7.2	材料费差价		含税价调差
1.7.3	机械费差价		
1.7.4	管理费差价	[管理费差价]/(1-5.13%)	按规定调差
2	措施项目费	[2.2]+[2.3]+[2.4]	
2.1	其中:综合工日	定额基价分析	
2.2	安全文明养护费	定额基价分析/(1-10.08%)	不可竞争费
2.3	单价类措施费	[2.3.1]+[2.3.2]+[2.3.3]+[2.3.4]+[2.3.5]+[2.3.6]	
2.3.1	定额人工费	定额基价分析	
2.3.2	定额材料费	定额基价分析	
2.3.3	定额机械费	定额基价分析/(1-11.34%)	
2.3.4	定额管理费	定额基价分析/(1-5.13%)	
2.3.5	定额利润	定额基价分析	
2.3.6	调差:	[2.3.6.1]+[2.3.6.2]+[2.3.6.3]+[2.3.6.4]	
2.3.6.1	人工费差价		
2.3.6.2	材料费差价		含税价调差

续表

序号	费用名称	计算公式	备注
2.3.6.3	机械费差价		按规定调差
2.3.6.4	管理费差价	管理费差价/(1－5.13%)	按规定调差
2.4	其他措施费(费率类)	[2.4.1]＋[2.4.2]	
2.4.1	其他措施费(费率类)	定额基价分析	
2.4.2	其他(费率类)		按约定
3	其他项目费	[3.1]＋[3.2]＋[3.3]＋[3.4]＋[3.5]	
3.1	暂列金额		按约定
3.2	专业工程暂估价		按约定
3.3	计日工		按约定
3.4	总承包服务费	业主分包专业工程造价×费率	按约定
3.5	其他		按约定
4	规费	[4.1]＋[4.2]＋[4.3]	不可竞争费
4.1	定额规费	定额基价分析	
4.2	工程排污费		据实计取
4.3	其他		
5	不含税工程造价	[1]＋[2]＋[3]＋[4]	
6	增值税	[5]×[3%/(1＋3%)]	简易计税方法
7	含税工程造价	[5]＋[6]	

第1章　乔　木

说　明

一、本章工作内容包括浇水、松土除草、施肥、修剪(含抹芽)、病虫害防治、涂白等。

二、本章乔木规格按胸径大小共分6个规格：10cm以内、15cm以内、20cm以内、25cm以内、30cm以内、>30cm。

三、本章用水量包括灌溉用水量与稀释药剂用水量，如发生特殊用水另计。

四、本章实际工作中无法以胸径计量时，以地径规格执行相应的胸径子目。

五、本章乔木胸径是指距离地面130cm的干径，地径是指距离地面30cm的干径。

工程量计算规则

一、落叶乔木按实际养护数量以“10 株·年”为计量单位。

二、常绿乔木按实际养护数量以“10 株·年”为计量单位。

1　落叶乔木

1.1　一级养护

工作内容：浇水、松土除草、施肥、修剪（含抹芽）、病虫害防治、涂白等。

单位：10 株·年

定额编号			1－1	1－2	1－3	1－4	1－5	1－6
项目			落叶乔木					
			胸径（cm 以内）					胸径（cm）
			10	15	20	25	30	>30
基价（元）			395.35	528.79	708.39	1114.62	1465.62	1792.18
其中	人工费（元）		126.03	135.01	144.76	217.23	263.13	279.59
	材料费（元）		163.88	242.42	349.37	484.70	648.42	849.05
	机械使用费（元）		31.12	69.64	123.48	250.75	349.75	443.60
	管理费（元）		28.60	31.33	34.67	60.89	76.51	82.27
	利润（元）		15.84	17.46	19.44	35.01	44.28	47.70
	其他措施费（元）		—	—	—	—	—	—
	安文费（元）		10.91	12.02	13.39	24.11	30.49	32.84
	规费（元）		18.97	20.91	23.28	41.93	53.04	57.13
名称	单位	单价（元）	数量					
综合工日	工日		(1.76)	(1.94)	(2.16)	(3.89)	(4.92)	(5.30)
定额工日（普工）	工日	87.10	1.447	1.550	1.662	2.494	3.021	3.210
水	m^3	5.13	7.000	8.250	10.000	12.250	15.000	18.000
药剂	kg	50.00	1.000	2.250	4.000	6.250	9.000	12.000
有机肥	kg	3.90	15.000	15.000	15.000	15.000	15.000	15.000
涂白剂	kg	4.50	3.266	4.898	6.531	8.164	9.797	16.328
其他材料费（占材料费）	%	—	3.000	3.000	3.000	3.000	3.000	3.000
洒水车　8000L	台班	486.63	<0.250>	<0.250>	<0.250>	<0.250>	<0.250>	<0.250>
打药车　8000L	台班	486.63	0.063	0.141	0.250	0.391	0.562	0.752
高空作业车　提升高度 21m	台班	746.34	—	—	—	<0.417>	<0.667>	<0.667>
油锯（综合）	台班	170.50	—	—	—	0.333	0.417	0.417
其他机械费（占机械费）	%	—	1.500	1.500	1.500	1.500	1.500	1.500

1.2 二级养护

工作内容:浇水、松土除草、施肥、修剪(含抹芽)、病虫害防治、涂白等。

单位:10 株 · 年

定额编号			1-7	1-8	1-9	1-10	1-11	1-12
项目			落叶乔木					
			胸径(cm 以内)					胸径(cm)
			10	15	20	25	30	>30
基价(元)			267.47	370.95	512.10	781.38	1037.37	1288.50
其中	人工费(元)		77.43	83.88	91.37	131.26	158.78	170.98
	材料费(元)		116.94	177.51	260.79	366.79	495.49	646.91
	机械使用费(元)		24.70	55.81	98.79	183.50	257.77	333.34
	管理费(元)		19.05	21.02	23.75	38.00	47.40	51.80
	利润(元)		10.17	11.34	12.96	21.42	27.00	29.61
	其他措施费(元)		—	—	—	—	—	—
	安文费(元)		7.00	7.81	8.92	14.75	18.59	20.39
	规费(元)		12.18	13.58	15.52	25.66	32.34	35.47
名称	单位	单价(元)	数量					
综合工日	工日		(1.13)	(1.26)	(1.44)	(2.38)	(3.00)	(3.29)
定额工日(普工)	工日	87.10	0.889	0.963	1.049	1.507	1.823	1.963
水	m^3	5.13	5.300	6.300	7.700	9.500	11.700	14.100
药剂	kg	50.00	0.800	1.800	3.200	5.000	7.200	9.600
有机肥	kg	3.90	10.000	10.000	10.000	10.000	10.000	10.000
涂白剂	kg	4.50	1.633	2.449	3.266	4.082	4.898	8.164
其他材料费(占材料费)	%	—	3.000	3.000	3.000	3.000	3.000	3.000
洒水车 8000L	台班	486.63	<0.188>	<0.188>	<0.188>	<0.188>	<0.188>	<0.188>
打药车 8000L	台班	486.63	0.050	0.113	0.200	0.313	0.449	0.602
高空作业车 提升高度 21m	台班	746.34	—	—	—	<0.208>	<0.333>	<0.333>
油锯(综合)	台班	170.50	—	—	—	0.167	0.208	0.208
其他机械费(占机械费)	%	—	1.500	1.500	1.500	1.500	1.500	1.500

1.3 三级养护

工作内容：浇水、松土除草、施肥、修剪(含抹芽)、病虫害防治、涂白等。

单位：10 株·年

定额编号			1-13	1-14	1-15	1-16	1-17	1-18
项目			落叶乔木					
			胸径(cm 以内)					胸径(cm)
			10	15	20	25	30	>30
基价(元)			205.62	285.42	391.91	616.80	819.35	1012.92
其中 人工费(元)			64.72	70.90	76.04	113.49	137.97	148.42
其中 材料费(元)			81.54	127.91	191.32	271.76	369.23	486.58
其中 机械使用费(元)			18.77	41.49	74.09	144.48	202.45	258.76
其中 管理费(元)			16.17	17.84	19.81	33.30	41.64	45.13
其中 利润(元)			8.46	9.45	10.62	18.63	23.58	25.65
其中 其他措施费(元)			—	—	—	—	—	—
其中 安文费(元)			5.83	6.51	7.31	12.83	16.24	17.66
其中 规费(元)			10.13	11.32	12.72	22.31	28.24	30.72
名称	单位	单价(元)	数量					
综合工日	工日		(0.94)	(1.05)	(1.18)	(2.07)	(2.62)	(2.85)
定额工日(普工)	工日	87.10	0.743	0.814	0.873	1.303	1.584	1.704
水	m^3	5.13	4.350	5.100	6.150	7.500	9.150	10.950
药剂	kg	50.00	0.600	1.350	2.400	3.750	5.400	7.200
有机肥	kg	3.90	5.000	5.000	5.000	5.000	5.000	5.000
涂白剂	kg	4.50	1.633	2.449	3.266	4.082	4.898	8.164
其他材料费(占材料费)	%	—	3.000	3.000	3.000	3.000	3.000	3.000
洒水车 8000L	台班	486.63	<0.156>	<0.156>	<0.156>	<0.156>	<0.156>	<0.156>
打药车 8000L	台班	486.63	0.038	0.084	0.150	0.234	0.337	0.451
高空作业车 提升高度 21m	台班	746.34	—	—	—	<0.208>	<0.333>	<0.333>
油锯(综合)	台班	170.50	—	—	—	0.167	0.208	0.208
其他机械费(占机械费)	%	—	1.500	1.500	1.500	1.500	1.500	1.500

2　常绿乔木

2.1　一级养护

工作内容:浇水、松土除草、施肥、修剪(含抹芽)、病虫害防治、涂白等。

单位:10 株·年

定额编号			1-19	1-20	1-21	1-22	1-23	1-24
项目			常绿乔木					
			胸径(cm 以内)					胸径(cm)
			10	15	20	25	30	>30
基价(元)			358.58	462.54	604.31	920.07	1191.58	1609.97
其中	人工费(元)		118.72	125.25	133.35	182.91	215.22	229.07
	材料费(元)		144.95	205.52	288.80	394.80	523.50	839.72
	机械使用费(元)		24.70	55.81	98.79	202.22	279.40	354.97
	管理费(元)		27.09	29.21	31.94	52.86	65.14	69.84
	利润(元)		14.94	16.20	17.82	30.24	37.53	40.32
	其他措施费(元)		—	—	—	—	—	—
	安文费(元)		10.29	11.15	12.27	20.82	25.84	27.76
	规费(元)		17.89	19.40	21.34	36.22	44.95	48.29
名称	单位	单价(元)	数量					
综合工日	工日		(1.66)	(1.80)	(1.98)	(3.36)	(4.17)	(4.48)
定额工日(普工)	工日	87.10	1.363	1.438	1.531	2.100	2.471	2.630
水	m^3	5.13	6.800	7.800	9.200	11.000	13.200	15.600
药剂	kg	50.00	0.800	1.800	3.200	5.000	7.200	12.800
有机肥	kg	3.90	15.000	15.000	15.000	15.000	15.000	15.000
涂白剂	kg	4.50	1.633	2.449	3.266	4.082	4.898	8.164
其他材料费(占材料费)	%	—	3.000	3.000	3.000	3.000	3.000	3.000
洒水车　8000L	台班	486.63	<0.250>	<0.250>	<0.250>	<0.250>	<0.250>	<0.250>
打药车　8000L	台班	486.63	0.050	0.113	0.200	0.312	0.449	0.602
高空作业车 提升高度 21m	台班	746.34	—	—	—	<0.417>	<0.667>	<0.667>
油锯(综合)	台班	170.50	—	—	—	0.278	0.333	0.333
其他机械费(占机械费)	%	—	1.500	1.500	1.500	1.500	1.500	1.500

2.2 二级养护

工作内容:浇水、松土除草、施肥、修剪(含抹芽)、病虫害防治、涂白等。

单位:10株·年

定额编号			1-25	1-26	1-27	1-28	1-29	1-30
项目			常绿乔木					
			胸径(cm以内)					胸径(cm)
			10	15	20	25	30	>30
基价(元)			243.63	321.89	430.11	634.73	827.34	1146.13
其中	人工费(元)		73.34	78.39	84.84	112.62	132.30	143.54
	材料费(元)		105.59	151.96	215.37	295.81	393.28	634.23
	机械使用费(元)		18.77	41.49	74.09	139.63	195.35	251.66
	管理费(元)		18.14	19.66	21.78	33.15	40.43	44.22
	利润(元)		9.63	10.53	11.79	18.54	22.86	25.11
	其他措施费(元)		—	—	—	—	—	—
	安文费(元)		6.63	7.25	8.12	12.77	15.74	17.29
	规费(元)		11.53	12.61	14.12	22.21	27.38	30.08
名称	单位	单价(元)	数量					
综合工日	工日		(1.07)	(1.17)	(1.31)	(2.06)	(2.54)	(2.79)
定额工日(普工)	工日	87.10	0.842	0.900	0.974	1.293	1.519	1.648
水	m^3	5.13	5.100	5.850	6.900	8.250	9.900	11.700
药剂	kg	50.00	0.600	1.350	2.400	3.750	5.400	9.600
有机肥	kg	3.90	10.000	10.000	10.000	10.000	10.000	10.000
涂白剂	kg	4.50	1.633	2.449	3.266	4.082	4.898	8.164
其他材料费(占材料费)	%	—	3.000	3.000	3.000	3.000	3.000	3.000
洒水车 8000L	台班	486.63	<0.188>	<0.188>	<0.188>	<0.188>	<0.188>	<0.188>
打药车 8000L	台班	486.63	0.038	0.084	0.150	0.234	0.337	0.451
高空作业车 提升高度21m	台班	746.34	—	—	—	<0.208>	<0.333>	<0.333>
油锯(综合)	台班	170.50	—	—	—	0.139	0.167	0.167
其他机械费(占机械费)	%	—	1.500	1.500	1.500	1.500	1.500	1.500

2.3 三级养护

工作内容：浇水、松土除草、施肥、修剪（含抹芽）、病虫害防治等。

单位：10 株 · 年

定额编号				1-31	1-32	1-33	1-34	1-35	1-36
项目				常绿乔木					
				胸径（cm 以内）					胸径（cm）
				10	15	20	25	30	>30
基价（元）				156.91	205.87	274.11	429.55	563.07	762.74
其中	人工费（元）			61.49	64.28	67.76	91.98	107.66	113.49
	材料费（元）			44.54	72.93	112.68	163.78	226.25	376.79
	机械使用费（元）			12.35	27.66	49.39	101.11	140.03	177.57
	管理费（元）			15.41	16.32	17.53	28.00	34.06	36.18
	利润（元）			8.01	8.55	9.27	15.48	19.08	20.34
	其他措施费（元）			—	—	—	—	—	—
	安文费（元）			5.52	5.89	6.38	10.66	13.14	14.01
	规费（元）			9.59	10.24	11.10	18.54	22.85	24.36
名称		单位	单价（元）	数量					
综合工日		工日		（0.89）	（0.95）	（1.03）	（1.72）	（2.12）	（2.26）
定额工日（普工）		工日	87.10	0.706	0.738	0.778	1.056	1.236	1.303
水		m^3	5.13	4.150	4.650	5.350	6.250	7.350	8.550
药剂		kg	50.00	0.400	0.900	1.600	2.500	3.600	6.400
有机肥		kg	3.90	0.500	0.500	0.500	0.500	0.500	0.500
其他材料费（占材料费）		%	—	3.000	3.000	3.000	3.000	3.000	3.000
洒水车 8000L		台班	486.63	<0.156>	<0.156>	<0.156>	<0.156>	<0.156>	<0.156>
打药车 8000L		台班	486.63	0.025	0.056	0.100	0.156	0.225	0.301
高空作业车 提升高度 21m		台班	746.34	—	—	—	<0.208>	<0.333>	<0.333>
油锯（综合）		台班	170.50	—	—	—	0.139	0.167	0.167
其他机械费（占机械费）		%	—	1.500	1.500	1.500	1.500	1.500	1.500

第 2 章　行道树

说　明

一、本章工作内容包括浇水、施肥、松土除草、修剪(含抹芽)、病虫害防治、涂白等。

二、本章行道树规格按胸径大小共分6个规格：10cm以内、15cm以内、20cm以内、25cm以内、30cm以内、>30cm。

三、本章定额用水量包括灌溉用水量与稀释药剂用水量,如发生特殊用水另计。

四、本章行道树胸径是指距离地面130cm的干径。

工程量计算规则

一、落叶行道树按实际养护数量以“10 株 · 年”为计量单位。

二、常绿行道树按实际养护数量以“10 株 · 年”为计量单位。

1　落叶行道树

1.1　一级养护

工作内容：浇水、施肥、松土除草、修剪(含抹芽)、病虫害防治、涂白等。

单位：10株·年

定额编号				2-1	2-2	2-3	2-4	2-5	2-6
项目				落叶行道树					
				胸径(cm以内)					胸径(cm)
				10	15	20	25	30	>30
基价(元)				808.63	948.87	1141.74	2194.60	2939.63	3528.48
其中	人工费(元)			123.07	135.01	150.77	229.51	283.42	310.60
	材料费(元)			167.67	256.63	379.66	536.76	727.93	1194.69
	机械使用费(元)			418.06	449.18	492.15	1205.50	1640.46	1716.03
	管理费(元)			38.00	41.03	45.13	83.33	107.28	114.41
	利润(元)			21.42	23.22	25.65	48.33	62.55	66.78
	其他措施费(元)			—	—	—	—	—	—
	安文费(元)			14.75	15.99	17.66	33.28	43.07	45.98
	规费(元)			25.66	27.81	30.72	57.89	74.92	79.99
名称		单位	单价(元)	数量					
综合工日		工日		(2.38)	(2.58)	(2.85)	(5.37)	(6.95)	(7.42)
定额工日(普工)		工日	87.10	1.413	1.550	1.731	2.635	3.254	3.566
水		m^3	5.13	7.200	8.700	10.800	13.500	16.800	20.400
药剂		kg	50.00	1.200	2.700	4.800	7.500	10.800	19.200
有机肥		kg	3.90	15.000	15.000	15.000	15.000	15.000	15.000
涂白剂		kg	4.50	1.633	2.449	3.266	4.082	4.898	8.164
其他材料费(占材料费)		%	—	3.000	3.000	3.000	3.000	3.000	3.000
洒水车　8000L		台班	486.63	0.250	0.250	0.250	0.250	0.250	0.250
打药车　8000L		台班	486.63	0.050	0.113	0.200	0.313	0.449	0.602
载重汽车　4t		台班	398.64	0.667	0.667	0.667	1.333	1.667	1.667
高空作业车　提升高度21m		台班	746.34	—	—	—	0.417	0.667	0.667
油锯(综合)		台班	170.50	—	—	—	0.417	0.667	0.667
其他机械费(占机械费)		%	—	1.500	1.500	1.500	1.500	1.500	1.500

1.2 二级养护

工作内容：浇水、施肥、松土除草、修剪(含抹芽)、病虫害防治、涂白等。

单位:10 株·年

定额编号			2-7	2-8	2-9	2-10	2-11	2-12
项目			落叶行道树					
			胸径(cm 以内)					胸径(cm)
			10	15	20	25	30	>30
基价(元)			506.70	612.49	759.06	1339.28	1770.60	2216.81
其中	人工费(元)		76.56	85.79	97.90	142.76	176.20	197.46
	材料费(元)		122.62	190.29	283.51	402.28	546.60	900.45
	机械使用费(元)		246.37	269.09	301.69	664.79	884.62	940.92
	管理费(元)		23.75	26.02	29.21	48.92	61.35	66.80
	利润(元)		12.96	14.31	16.20	27.90	35.28	38.52
	其他措施费(元)		—	—	—	—	—	—
	安文费(元)		8.92	9.85	11.15	19.21	24.29	26.52
	规费(元)		15.52	17.14	19.40	33.42	42.26	46.14
名称	单位	单价(元)	数量					
综合工日	工日		(1.44)	(1.59)	(1.80)	(3.10)	(3.92)	(4.28)
定额工日(普工)	工日	87.10	0.879	0.985	1.124	1.639	2.023	2.267
水	m^3	5.13	5.400	6.525	8.100	10.125	12.600	15.300
药剂	kg	50.00	0.900	2.025	3.600	5.625	8.100	14.400
有机肥	kg	3.90	10.000	10.000	10.000	10.000	10.000	10.000
涂白剂	kg	4.50	1.633	2.449	3.266	4.082	4.898	8.164
其他材料费(占材料费)	%	—	3.000	3.000	3.000	3.000	3.000	3.000
洒水车 8000L	台班	486.63	0.188	0.188	0.188	0.188	0.188	0.188
打药车 8000L	台班	486.63	0.038	0.084	0.150	0.234	0.337	0.451
载重汽车 4t	台班	398.64	0.333	0.333	0.333	0.667	0.833	0.833
高空作业车 提升高度 21m	台班	746.34	—	—	—	0.208	0.333	0.333
油锯(综合)	台班	170.50	—	—	—	0.167	0.208	0.208
其他机械费(占机械费)	%	—	1.500	1.500	1.500	1.500	1.500	1.500

1.3 三级养护

工作内容:浇水、施肥、松土除草、修剪(含抹芽)、病虫害防治等。

单位:10 株·年

定额编号				2－13	2－14	2－15	2－16	2－17	2－18
项目				落叶行道树					
				胸径(cm 以内)					胸径(cm)
				10	15	20	25	30	>30
基价(元)				413.84	480.84	574.86	921.07	1468.48	1648.13
其中	人工费(元)			62.80	68.20	75.52	114.36	140.93	153.30
	材料费(元)			73.97	116.56	176.18	252.84	346.53	467.22
	机械使用费(元)			224.14	239.45	261.18	456.92	835.12	872.66
	管理费(元)			20.72	22.08	24.05	36.94	54.98	58.32
	利润(元)			11.16	11.97	13.14	20.79	31.50	33.48
	其他措施费(元)			—	—	—	—	—	—
	安文费(元)			7.68	8.24	9.05	14.32	21.69	23.05
	规费(元)			13.37	14.34	15.74	24.90	37.73	40.10
名称		单位	单价(元)	数量					
综合工日		工日		(1.24)	(1.33)	(1.46)	(2.31)	(3.50)	(3.72)
定额工日(普工)		工日	87.10	0.721	0.783	0.867	1.313	1.618	1.760
水		m^3	5.13	4.350	5.100	6.150	7.500	9.150	10.950
药剂		kg	50.00	0.600	1.350	2.400	3.750	5.400	7.200
有机肥		kg	3.90	5.000	5.000	5.000	5.000	5.000	9.600
其他材料费(占材料费)		%	—	3.000	3.000	3.000	3.000	3.000	3.000
洒水车 8000L		台班	486.63	0.156	0.156	0.156	0.156	0.156	0.156
打药车 8000L		台班	486.63	0.025	0.056	0.100	0.156	0.225	0.301
载重汽车 4t		台班	398.64	0.333	0.333	0.333	0.270	0.833	0.833
高空作业车 提升高度 21m		台班	746.34	—	—	—	0.208	0.333	0.333
油锯(综合)		台班	170.50	—	—	—	0.208	0.333	0.333
其他机械费(占机械费)		%	—	1.500	1.500	1.500	1.500	1.500	1.500

2 常绿行道树

2.1 一级养护

工作内容:浇水、施肥、松土除草、修剪(含抹芽)、病虫害防治、涂白等。

单位:10 株·年

定额编号				2-19	2-20	2-21	2-22	2-23	2-24
项目				常绿行道树					
				胸径(cm 以内)					胸径(cm)
				10	15	20	25	30	>30
基价(元)				781.83	888.04	1034.02	1940.39	2585.56	2934.22
其中	人工费(元)			120.89	130.13	142.06	215.83	263.91	286.47
	材料费(元)			150.63	218.30	311.52	430.29	574.61	829.19
	机械使用费(元)			412.13	434.85	467.45	1088.31	1481.85	1538.15
	管理费(元)			37.39	39.82	42.85	77.11	98.94	104.55
	利润(元)			21.06	22.50	24.30	44.64	57.60	60.93
	其他措施费(元)			—	—	—	—	—	—
	安文费(元)			14.50	15.49	16.73	30.74	39.66	41.95
	规费(元)			25.23	26.95	29.11	53.47	68.99	72.98
名称		单位	单价(元)	数量					
综合工日		工日		(2.34)	(2.50)	(2.70)	(4.96)	(6.40)	(6.77)
定额工日(普工)		工日	87.10	1.388	1.494	1.631	2.478	3.030	3.289
水		m^3	5.13	6.900	8.025	9.600	11.625	14.100	16.800
药剂		kg	50.00	0.900	2.025	3.600	5.625	8.100	12.800
有机肥		kg	3.90	15.000	15.000	15.000	15.000	15.000	10.800
涂白剂		kg	4.50	1.633	2.449	3.266	4.082	4.898	8.164
其他材料费(占材料费)		%	—	3.000	3.000	3.000	3.000	3.000	3.000
洒水车 8000L		台班	486.63	0.250	0.250	0.250	0.250	0.250	0.250
打药车 8000L		台班	486.63	0.038	0.084	0.150	0.234	0.337	0.451
载重汽车 4t		台班	398.64	0.667	0.667	0.667	1.333	1.667	1.667
高空作业车 提升高度 21m		台班	746.34	—	—	—	0.333	0.556	0.556
油锯(综合)		台班	170.50	—	—	—	0.333	0.556	0.556
其他机械费(占机械费)		%	—	1.500	1.500	1.500	1.500	1.500	1.500

2.2 二级养护

工作内容：浇水、施肥、松土除草、修剪（含抹芽）、病虫害防治、涂白等。

单位：10株·年

定额编号			2－25	2－26	2－27	2－28	2－29	2－30
项目			常绿行道树					
			胸径（cm以内）					胸径（cm）
			10	15	20	25	30	>30
基价（元）			479.43	552.09	651.35	1138.43	1499.66	1682.36
其中	人工费（元）		74.38	80.83	89.19	129.08	156.61	173.33
	材料费（元）		105.59	151.96	215.37	295.81	393.28	510.63
	机械使用费（元）		239.95	255.26	276.99	595.20	799.75	837.28
	管理费（元）		23.14	24.81	26.93	44.82	56.50	60.59
	利润（元）		12.60	13.59	14.85	25.47	32.40	34.83
	其他措施费（元）		—	—	—	—	—	—
	安文费（元）		8.68	9.36	10.23	17.54	22.31	23.98
	规费（元）		15.09	16.28	17.79	30.51	38.81	41.72
名称	单位	单价（元）	数量					
综合工日	工日		(1.40)	(1.51)	(1.65)	(2.83)	(3.60)	(3.87)
定额工日（普工）	工日	87.10	0.854	0.928	1.024	1.482	1.798	1.990
水	m^3	5.13	5.100	5.850	6.900	8.250	9.900	11.700
药剂	kg	50.00	0.600	1.350	2.400	3.750	5.400	7.200
有机肥	kg	3.90	10.000	10.000	10.000	10.000	10.000	10.000
涂白剂	kg	4.50	1.633	2.449	3.266	4.082	4.898	8.164
其他材料费（占材料费）	%	—	3.000	3.000	3.000	3.000	3.000	3.000
洒水车 8000L	台班	486.63	0.188	0.188	0.188	0.188	0.188	0.188
打药车 8000L	台班	486.63	0.025	0.056	0.100	0.156	0.225	0.301
载重汽车 4t	台班	398.64	0.333	0.333	0.333	0.667	0.833	0.833
高空作业车 提升高度21m	台班	746.34	—	—	—	0.167	0.278	0.278
油锯（综合）	台班	170.50	—	—	—	0.167	0.278	0.278
其他机械费（占机械费）	%	—	1.500	1.500	1.500	1.500	1.500	1.500

2.3 三级养护

工作内容：浇水、施肥、松土除草、修剪（含抹芽）、病虫害防治等。

单位：10 株·年

定额编号				2-31	2-32	2-33	2-34	2-35	2-36
项目				常绿行道树					
				胸径（cm 以内）					胸径（cm）
				10	15	20	25	30	>30
基价（元）				400.41	450.65	520.80	972.45	1291.62	1504.95
其中	人工费（元）			61.67	65.76	71.16	107.57	131.09	140.32
	材料费（元）			65.45	97.36	142.11	199.58	269.87	439.23
	机械使用费（元）			221.18	232.54	248.84	560.13	756.28	784.43
	管理费（元）			20.42	21.48	22.84	39.97	50.74	53.16
	利润（元）			10.98	11.61	12.42	22.59	28.98	30.42
	其他措施费（元）			—	—	—	—	—	—
	安文费（元）			7.56	7.99	8.55	15.55	19.95	20.95
	规费（元）			13.15	13.91	14.88	27.06	34.71	36.44
名称		单位	单价（元）	数量					
综合工日		工日		(1.22)	(1.29)	(1.38)	(2.51)	(3.22)	(3.38)
定额工日（普工）		工日	87.10	0.708	0.755	0.817	1.235	1.505	1.611
水		m^3	5.13	4.200	4.762	5.550	6.562	7.800	9.150
药剂		kg	50.00	0.450	1.012	1.800	2.812	4.050	7.200
有机肥		kg	3.90	5.000	5.000	5.000	5.000	5.000	5.000
其他材料费（占材料费）		%	—	3.000	3.000	3.000	3.000	3.000	3.000
洒水车 8000L		台班	486.63	0.156	0.156	0.156	0.156	0.156	0.156
打药车 8000L		台班	486.63	0.019	0.042	0.075	0.117	0.169	0.226
载重汽车 4t		台班	398.64	0.333	0.333	0.333	0.667	0.833	0.833
高空作业车 提升高度 21m		台班	746.34	—	—	—	0.167	0.278	0.278
油锯（综合）		台班	170.50	—	—	—	0.167	0.278	0.278
其他机械费（占机械费）		%	—	1.500	1.500	1.500	1.500	1.500	1.500

第 3 章　灌木、藤本植物

说　明

一、本章工作内容包括浇水、松土除草、施肥、修剪(含抹芽)、病虫害防治等。

二、本章灌木规格按冠径大小共分5个规格：100cm以内、150cm以内、200cm以内、250cm以内、>250cm;特殊的无法用冠径计量的,可用地径分级表述,即3cm以内、6cm以内、9cm以内、12cm以内、>12cm。藤本植物规格按地径分5个规格:3cm以内、6cm以内、9cm以内、12cm以内、>12cm。

工程量计算规则

一、灌木按实际养护数量以“10 株 · 年”为计量单位。
二、藤本植物按实际养护数量以“10 株 · 年”为计量单位。

1　落叶(常绿)灌木

1.1　一级养护

工作内容:浇水、松土除草、施肥、修剪(含抹芽)、病虫害防治等。

单位:10 株・年

定额编号			3－1	3－2	3－3	3－4	3－5
项目			落叶(常绿)灌木				
			冠径(cm 以内)				冠径(cm)
			100	150	200	250	>250
基价(元)			187.22	244.86	306.88	370.22	435.60
其中	人工费(元)		48.78	73.16	97.46	121.85	146.24
	材料费(元)		89.95	106.91	124.65	143.26	162.94
	机械使用费(元)		12.84	19.26	25.68	31.61	38.53
	管理费(元)		14.35	17.99	22.99	28.30	33.60
	利润(元)		7.38	9.54	12.51	15.66	18.81
	其他措施费(元)		—	—	—	—	—
	安文费(元)		5.08	6.57	8.61	10.78	12.95
	规费(元)		8.84	11.43	14.98	18.76	22.53
名称	单位	单价(元)	数量				
综合工日	工日		(0.82)	(1.06)	(1.39)	(1.74)	(2.09)
定额工日(普工)	工日	87.10	0.560	0.840	1.119	1.399	1.679
水	m^3	5.13	4.012	5.272	6.689	8.263	9.999
药剂	kg	50.00	0.165	0.248	0.330	0.413	0.500
有机肥	kg	3.90	15.000	16.500	18.000	19.500	21.000
其他材料费(占材料费)	%	—	3.000	3.000	3.000	3.000	3.000
洒水车　8000L	台班	486.63	<0.234>	<0.179>	<0.222>	<0.278>	<0.334>
打药车　8000L	台班	486.63	0.026	0.039	0.052	0.064	0.078
其他机械费(占机械费)	%	—	1.500	1.500	1.500	1.500	1.500

1.2　二级养护

工作内容：浇水、松土除草、施肥、修剪（含抹芽）、病虫害防治等。

单位：10 株 · 年

定额编号			3-6	3-7	3-8	3-9	3-10
项目			落叶（常绿）灌木				
			冠径（cm 以内）				冠径（cm）
			100	150	200	250	>250
基价（元）			126.94	168.91	211.64	256.26	301.37
其中	人工费（元）		30.57	45.81	61.14	76.39	91.63
	材料费（元）		63.92	76.67	90.07	104.14	119.11
	机械使用费（元）		10.37	15.31	20.25	25.68	31.12
	管理费（元）		9.35	12.68	16.02	19.66	23.14
	利润（元）		4.41	6.39	8.37	10.53	12.60
	其他措施费（元）		—	—	—	—	—
	安文费（元）		3.04	4.40	5.76	7.25	8.68
	规费（元）		5.28	7.65	10.03	12.61	15.09
名称	单位	单价（元）	数量				
综合工日	工日		(0.49)	(0.71)	(0.93)	(1.17)	(1.40)
定额工日（普工）	工日	87.10	0.351	0.526	0.702	0.877	1.052
水	m^3	5.13	3.209	4.217	5.351	6.610	8.000
药剂	kg	50.00	0.132	0.198	0.264	0.330	0.400
有机肥	kg	3.90	10.000	11.000	12.000	13.000	14.000
其他材料费（占材料费）	%	—	3.000	3.000	3.000	3.000	3.000
洒水车　8000L	台班	486.63	<0.114>	<0.152>	<0.189>	<0.236>	<0.284>
打药车　8000L	台班	486.63	0.021	0.031	0.041	0.052	0.063
其他机械费（占机械费）	%	—	1.500	1.500	1.500	1.500	1.500

1.3 三级养护

工作内容:浇水、松土除草、施肥、修剪(含抹芽)、病虫害防治等。

单位:10 株·年

定额编号				3-11	3-12	3-13	3-14	3-15
项目				落叶(常绿)灌木				
				冠径(cm 以内)				冠径(cm)
				100	150	200	250	>250
基价(元)				89.25	121.27	154.25	188.55	223.05
其中	人工费(元)			25.08	37.71	50.26	62.80	75.34
	材料费(元)			37.90	46.43	55.50	65.08	75.27
	机械使用费(元)			7.90	11.36	15.31	19.26	23.21
	管理费(元)			7.98	10.71	13.44	16.47	19.35
	利润(元)			3.60	5.22	6.84	8.64	10.35
	其他措施费(元)			—	—	—	—	—
	安文费(元)			2.48	3.59	4.71	5.95	7.13
	规费(元)			4.31	6.25	8.19	10.35	12.40
名称		单位	单价(元)	数量				
综合工日		工日		(0.40)	(0.58)	(0.76)	(0.96)	(1.15)
定额工日(普工)		工日	87.10	0.288	0.433	0.577	0.721	0.865
水		m^3	5.13	2.407	3.163	4.013	4.958	5.999
药剂		kg	50.00	0.099	0.148	0.198	0.248	0.300
有机肥		kg	3.90	5.000	5.500	6.000	6.500	7.000
其他材料费(占材料费)		%	—	3.000	3.000	3.000	3.000	3.000
洒水车 8000L		台班	486.63	<0.094>	<0.125>	<0.156>	<0.195>	<0.234>
打药车 8000L		台班	486.63	0.016	0.023	0.031	0.039	0.047
其他机械费(占机械费)		%	—	1.500	1.500	1.500	1.500	1.500

2 落叶(常绿)藤本植物

2.1 一级养护

工作内容:浇水、松土除草、施肥、修剪(含抹芽)、病虫害防治等。

单位:10 株・年

定额编号			3-16	3-17	3-18	3-19	3-20
项目			落叶(常绿)藤本植物				
			地径(cm 以内)				地径(cm)
			3	6	9	12	>12
基价(元)			238.29	265.53	331.84	401.79	475.38
其中	人工费(元)		72.82	73.16	97.46	121.85	146.24
	材料费(元)		102.57	115.41	133.54	153.93	177.45
	机械使用费(元)		20.25	30.62	40.50	50.87	61.74
	管理费(元)		16.93	18.29	23.45	28.90	34.36
	利润(元)		8.91	9.72	12.78	16.02	19.26
	其他措施费(元)		—	—	—	—	—
	安文费(元)		6.14	6.69	8.80	11.03	13.26
	规费(元)		10.67	11.64	15.31	19.19	23.07
名称	单位	单价(元)	数量				
综合工日	工日		(0.99)	(1.08)	(1.42)	(1.78)	(2.14)
定额工日(普工)	工日	87.10	0.836	0.840	1.119	1.399	1.679
水	m^3	5.13	5.280	5.400	6.520	7.680	9.802
药剂	kg	50.00	0.280	0.400	0.520	0.680	0.802
有机肥	kg	3.90	15.000	16.500	18.000	19.500	21.000
其他材料费(占材料费)	%	—	3.000	3.000	3.000	3.000	3.000
洒水车 8000L	台班	486.63	<0.111>	<0.179>	<0.222>	<0.278>	<0.334>
打药车 8000L	台班	486.63	0.041	0.062	0.082	0.103	0.125
其他机械费(占机械费)	%	—	1.500	1.500	1.500	1.500	1.500

2.2 二级养护

工作内容:浇水、松土除草、施肥、修剪(含抹芽)、病虫害防治等。

单位:10 株·年

定额编号			3－21	3－22	3－23	3－24	3－25
项目			落叶(常绿)藤本植物				
			地径(cm 以内)				地径(cm)
			3	6	9	12	>12
基价(元)			138.41	184.93	231.06	279.00	330.79
其中	人工费(元)		30.14	45.20	60.27	75.34	90.32
	材料费(元)		70.71	83.49	97.19	112.70	130.74
	机械使用费(元)		16.30	24.70	32.60	40.50	49.39
	管理费(元)		9.05	12.84	16.32	19.81	23.45
	利润(元)		4.23	6.48	8.55	10.62	12.78
	其他措施费(元)		—	—	—	—	—
	安文费(元)		2.91	4.46	5.89	7.31	8.80
	规费(元)		5.07	7.76	10.24	12.72	15.31
名称	单位	单价(元)	数量				
综合工日	工日		(0.47)	(0.72)	(0.95)	(1.18)	(1.42)
定额工日(普工)	工日	87.10	0.346	0.519	0.692	0.865	1.037
水	m^3	5.13	3.440	4.320	5.216	6.144	7.842
药剂	kg	50.00	0.240	0.320	0.416	0.544	0.642
有机肥	kg	3.90	10.000	11.000	12.000	13.000	14.000
其他材料费(占材料费)	%	—	3.000	3.000	3.000	3.000	3.000
洒水车 8000L	台班	486.63	<0.095>	<0.152>	<0.189>	<0.236>	<0.284>
打药车 8000L	台班	486.63	0.033	0.050	0.066	0.082	0.100
其他机械费(占机械费)	%	—	1.500	1.500	1.500	1.500	1.500

2.3 三级养护

工作内容:浇水、松土除草、施肥、修剪(含抹芽)、病虫害防治等。

单位:10 株·年

定额编号			3-26	3-27	3-28	3-29	3-30
项目			落叶(常绿)藤本植物				
			地径(cm 以内)				地径(cm)
			3	6	9	12	>12
基价(元)			97.70	134.17	169.80	207.12	246.40
其中	人工费(元)		25.08	37.71	50.26	62.80	75.34
	材料费(元)		42.31	51.57	60.84	71.47	83.97
	机械使用费(元)		12.35	18.28	24.70	30.62	37.04
	管理费(元)		7.83	11.02	13.74	16.78	19.66
	利润(元)		3.51	5.40	7.02	8.82	10.53
	其他措施费(元)		—	—	—	—	—
	安文费(元)		2.42	3.72	4.83	6.07	7.25
	规费(元)		4.20	6.47	8.41	10.56	12.61
名称	单位	单价(元)	数量				
综合工日	工日		(0.39)	(0.60)	(0.78)	(0.98)	(1.17)
定额工日(普工)	工日	87.10	0.288	0.433	0.577	0.721	0.865
水	m^3	5.13	2.568	3.240	3.912	4.608	5.882
药剂	kg	50.00	0.168	0.240	0.312	0.408	0.481
有机肥	kg	3.90	5.000	5.500	6.000	6.500	7.000
其他材料费(占材料费)	%	—	3.000	3.000	3.000	3.000	3.000
洒水车 8000L	台班	486.63	<0.078>	<0.125>	<0.156>	<0.195>	<0.234>
打药车 8000L	台班	486.63	0.025	0.037	0.050	0.062	0.075
其他机械费(占机械费)	%	—	1.500	1.500	1.500	1.500	1.500

第 4 章　整形植物

说　明

一、本章工作内容包括浇水、松土除草、施肥、修剪、病虫害防治等。

二、本章整形植物分三类，即绿篱、色块植物（模纹花坛）、造型植物。绿篱指同一品种植物栽植成型的景观带。色块植物指由两种或两种以上不同植物组成的各种图案景观带。规则式造型植物指具有规则几何体的一般造型，如球形、正方体、长方体等；不规则式造型植物指非规则几何体的特殊造型。

三、本章绿篱、色块植物（模纹花坛）规格按高度不同分为 3 个规格：100cm 以内、150cm 以内、>150cm。造型植物规格按冠径大小不同分为 4 个规格：100cm 以内、150cm 以内、200cm 以内、>200cm。

四、本章水的消耗量是灌溉用水消耗量和药剂稀释用水消耗量之和，如发生特殊用水另计。灌溉用水消耗量是按照有浇灌设施的绿地编制的。若是无浇灌设施的绿地，需选用“< >”内的洒水车 8000L 计算。

五、绿篱、色块植物（模纹花坛）高度超过 200cm 的，在 >150cm 高度的基础上定额子目乘以系数 1.5；造型植物冠径大小超过 300cm 的，在 >200cm 冠径的基础上定额子目乘以系数 1.5。

工程量计算规则

一、绿篱按实际养护面积以“$100m^2$ · 年”为计量单位。

二、色块植物(模纹花坛)按实际养护面积以“$100m^2$ · 年”为计量单位。

三、造型植物按实际养护数量以“10 株 · 年”为计量单位。

四、绿篱、色块植物(模纹花坛)的面积按养护水平投影面积计算。复杂的折线形、弧线形在对应定额人工乘以系数 1.15。

1 绿篱

1.1 一级养护

工作内容:浇水、松土除草、施肥、修剪、病虫害防治等。

单位:100m²·年

定额编号			4-1	4-2	4-3
项目			绿篱(花篱)		
			高度(cm 以内)		高度(cm)
			100	150	>150
基价(元)			2473.42	2862.84	3125.31
其中 人工费(元)			521.73	590.10	625.29
其中 材料费(元)			787.70	870.99	959.35
其中 机械使用费(元)			745.77	919.76	1025.76
其中 管理费(元)			155.34	178.84	190.97
其中 利润(元)			91.08	105.03	112.23
其中 其他措施费(元)			—	—	—
其中 安文费(元)			62.71	72.32	77.28
其中 规费(元)			109.09	125.80	134.43
名称	单位	单价(元)	数量		
综合工日	工日		(10.12)	(11.67)	(12.47)
定额工日(普工)	工日	87.10	5.990	6.775	7.179
水	m^3	5.13	52.000	62.500	70.800
药剂	kg	50.00	2.000	2.500	3.300
有机肥	kg	3.90	100.000	100.000	100.000
无机肥	kg	4.00	2.000	2.500	3.300
其他材料费(占材料费)	%	—	3.000	3.000	3.000
洒水车 8000L	台班	486.63	<0.800>	<0.800>	<0.800>
打药车 8000L	台班	486.63	0.200	0.250	0.330
绿篱修剪机	台班	200.55	3.125	3.846	4.165
其他机械费(占机械费)	%	—	3.000	3.000	3.000

1.2 二级养护

工作内容:浇水、松土除草、施肥、修剪、病虫害防治等。

单位:100m^2 · 年

定额编号				4-4	4-5	4-6
项目				绿篱(花篱)		
				高度(cm 以内)		高度(cm)
				100	150	>150
基价(元)				1783.65	2103.35	2363.67
其中	人工费(元)			355.37	402.40	438.11
	材料费(元)			524.51	629.41	706.11
	机械使用费(元)			596.61	719.95	832.49
	管理费(元)			114.41	130.78	143.82
	利润(元)			66.78	76.50	84.24
	其他措施费(元)			—	—	—
	安文费(元)			45.98	52.68	58.00
	规费(元)			79.99	91.63	100.90
名称		单位	单价(元)	数量		
综合工日		工日		(7.42)	(8.50)	(9.36)
定额工日(普工)		工日	87.10	4.080	4.620	5.030
水		m^3	5.13	44.100	52.920	59.160
药剂		kg	50.00	1.600	1.920	2.160
有机肥		kg	3.90	50.000	60.000	67.500
无机肥		kg	4.00	2.000	2.400	2.700
其他材料费(占材料费)		%	—	3.000	3.000	3.000
洒水车 8000L		台班	486.63	<0.680>	<0.680>	<0.680>
打药车 8000L		台班	486.63	0.160	0.200	0.270
绿篱修剪机		台班	200.55	2.500	3.000	3.375
其他机械费(占机械费)		%	—	3.000	3.000	3.000

1.3 三级养护

工作内容:浇水、松土除草、施肥、修剪、病虫害防治等。

单位:100m²·年

定额编号				4-7	4-8	4-9
项目				绿篱(花篱)		
				高度(cm 以内)		高度(cm)
				100	150	>150
基价(元)				1447.20	1702.70	1910.75
其中	人工费(元)			282.20	317.22	343.17
	材料费(元)			475.38	570.45	643.74
	机械使用费(元)			447.46	539.96	622.86
	管理费(元)			90.45	102.58	112.13
	利润(元)			52.56	59.76	65.43
	其他措施费(元)			—	—	—
	安文费(元)			36.19	41.15	45.05
	规费(元)			62.96	71.58	78.37
名称		单位	单价(元)	数量		
综合工日		工日		(5.84)	(6.64)	(7.27)
定额工日(普工)		工日	87.10	3.240	3.642	3.940
水		m³	5.13	38.700	46.440	52.620
药剂		kg	50.00	1.200	1.440	1.620
有机肥		kg	3.90	50.000	60.000	67.500
无机肥		kg	4.00	2.000	2.400	2.700
其他材料费(占材料费)		%	—	3.000	3.000	3.000
洒水车 8000L		台班	486.63	<0.600>	<0.600>	<0.600>
打药车 8000L		台班	486.63	0.120	0.150	0.200
绿篱修剪机		台班	200.55	1.875	2.250	2.530
其他机械费(占机械费)		%	—	3.000	3.000	3.000

2 色块植物(模纹花坛)

2.1 一级养护

工作内容:浇水、松土除草、施肥、修剪、病虫害防治等。

单位:100m²·年

定额编号				4-10	4-11	4-12
项目				色块植物(模纹花坛)		
				高度(cm以内)		高度(cm)
				100	150	>150
基价(元)				2250.57	2597.56	3022.14
其中	人工费(元)			424.18	496.47	583.48
	材料费(元)			598.45	624.10	662.58
	机械使用费(元)			837.69	1018.86	1236.91
	管理费(元)			145.03	170.04	199.91
	利润(元)			84.96	99.81	117.54
	其他措施费(元)			—	—	—
	安文费(元)			58.50	68.73	80.93
	规费(元)			101.76	119.55	140.79
名称		单位	单价(元)	数量		
综合工日		工日		(9.44)	(11.09)	(13.06)
定额工日(普工)		工日	87.10	4.870	5.700	6.699
水		m³	5.13	54.000	54.800	56.000
药剂		kg	50.00	2.000	2.400	3.000
肥料		kg	2.00	102.000	102.400	103.000
其他材料费(占材料费)		%	—	3.000	3.000	3.000
洒水车 8000L		台班	486.63	<0.800>	<0.800>	<0.800>
打药车 8000L		台班	486.63	0.200	0.240	0.300
绿篱修剪机		台班	200.55	3.570	4.350	5.260
其他机械费(占机械费)		%	—	3.000	3.000	3.000

2.2 二级养护

工作内容:浇水、松土除草、施肥、修剪、病虫害防治等。

单位:100m²·年

定额编号				4-13	4-14	4-15
项目				色块植物(模纹花坛)		
				高度(cm 以内)		高度(cm)
				100	150	>150
基价(元)				1765.21	2041.26	2380.75
其中	人工费(元)			344.92	401.44	470.25
	材料费(元)			433.11	454.22	485.88
	机械使用费(元)			670.15	815.09	989.53
	管理费(元)			118.05	137.75	161.55
	利润(元)			68.94	80.64	94.77
	其他措施费(元)			—	—	—
	安文费(元)			47.47	55.53	65.26
	规费(元)			82.57	96.59	113.51
名称		单位	单价(元)	数量		
综合工日		工日		(7.66)	(8.96)	(10.53)
定额工日(普工)		工日	87.10	3.960	4.609	5.399
水		m^3	5.13	46.100	46.820	47.900
药剂		kg	50.00	1.600	1.920	2.400
肥料		kg	2.00	52.000	52.400	53.000
其他材料费(占材料费)		%	—	3.000	3.000	3.000
洒水车 8000L		台班	486.63	<0.680>	<0.680>	<0.680>
打药车 8000L		台班	486.63	0.160	0.192	0.240
绿篱修剪机		台班	200.55	2.856	3.480	4.208
其他机械费(占机械费)		%	—	3.000	3.000	3.000

2.3 三级养护

工作内容:浇水、松土除草、施肥、修剪、病虫害防治等。

单位:100m² · 年

定额编号			4-16	4-17	4-18
项目			色块植物(模纹花坛)		
			高度(cm 以内)		高度(cm)
			100	150	>150
基价(元)			1401.29	1609.24	1868.95
其中	人工费(元)		268.44	311.64	367.39
	材料费(元)		383.97	399.27	422.22
	机械使用费(元)		502.61	611.32	742.15
	管理费(元)		91.97	106.98	125.47
	利润(元)		53.46	62.37	73.35
	其他措施费(元)		—	—	—
	安文费(元)		36.81	42.95	50.51
	规费(元)		64.03	74.71	87.86
名称	单位	单价(元)	数量		
综合工日	工日		(5.94)	(6.93)	(8.15)
定额工日(普工)	工日	87.10	3.082	3.578	4.218
水	m^3	5.13	40.700	41.100	41.700
药剂	kg	50.00	1.200	1.440	1.800
肥料	kg	2.00	52.000	52.400	53.000
其他材料费(占材料费)	%	—	3.000	3.000	3.000
洒水车 8000L	台班	486.63	<0.600>	<0.600>	<0.600>
打药车 8000L	台班	486.63	0.120	0.144	0.180
绿篱修剪机	台班	200.55	2.142	2.610	3.156
其他机械费(占机械费)	%	—	3.000	3.000	3.000

3　造型植物

3.1　一级养护

工作内容:浇水、松土除草、施肥、修剪、病虫害防治等。

单位:10 株·年

定额编号			4-19	4-20	4-21	4-22
项目			规则式:一般造型(球形)			
			冠径(cm 以内)			冠径(cm)
			100	150	200	>200
基价(元)			183.21	301.49	494.03	774.65
其中	人工费(元)		40.94	55.22	77.61	112.27
	材料费(元)		46.89	57.00	67.62	81.40
	机械使用费(元)		57.67	129.76	253.50	432.21
	管理费(元)		15.11	23.14	36.33	56.04
	利润(元)		7.83	12.60	20.43	32.13
	其他措施费(元)		—	—	—	—
	安文费(元)		5.39	8.68	14.07	22.12
	规费(元)		9.38	15.09	24.47	38.48
名称	单位	单价(元)	数量			
综合工日	工日		(0.87)	(1.40)	(2.27)	(3.57)
定额工日(普工)	工日	87.10	0.470	0.634	0.891	1.289
水	m^3	5.13	4.000	4.500	5.000	6.000
药剂	kg	50.00	0.020	0.045	0.080	0.125
肥料	kg	2.00	12.000	15.000	18.000	21.000
其他材料费(占材料费)	%	—	3.000	3.000	3.000	3.000
洒水车　8000L	台班	486.63	<0.125>	<0.141>	<0.156>	<0.188>
打药车　8000L	台班	486.63	<0.001>	<0.003>	<0.005>	<0.008>
绿篱修剪机	台班	200.55	0.278	0.625	1.222	2.084
打药机	台班	80.00	0.003	0.008	0.013	0.021
其他机械费(占机械费)	%	—	3.000	3.000	3.000	3.000

续表

定额编号			4－23	4－24	4－25	4－26
项目			不规则式:复杂造型			
			冠径(cm 以内)			冠径(cm)
			100	150	200	>200
基价(元)			252.42	402.36	672.76	1110.85
其中	人工费(元)		134.66	229.07	404.49	691.31
	材料费(元)		46.89	56.84	67.41	81.45
	机械使用费(元)		0.25	0.58	1.07	1.73
	管理费(元)		27.24	43.91	74.84	125.17
	利润(元)		15.03	24.93	43.29	73.17
	其他措施费(元)		—	—	—	—
	安文费(元)		10.35	17.17	29.81	50.38
	规费(元)		18.00	29.86	51.85	87.64
名称	单位	单价(元)	数量			
综合工日	工日		(1.67)	(2.77)	(4.81)	(8.13)
定额工日(普工)	工日	87.10	1.546	2.630	4.644	7.937
水	m^3	5.13	4.000	4.500	5.000	6.000
药剂	kg	50.00	0.020	0.042	0.076	0.126
肥料	kg	2.00	12.000	15.000	18.000	21.000
其他材料费(占材料费)	%	—	3.000	3.000	3.000	3.000
洒水车 8000L	台班	486.63	<0.125>	<0.141>	<0.156>	<0.188>
打药车 8000L	台班	486.63	<0.001>	<0.003>	<0.005>	<0.008>
打药机	台班	80.00	0.003	0.007	0.013	0.021
其他机械费(占机械费)	%	—	3.000	3.000	3.000	3.000

3.2 二级养护

工作内容:浇水、松土除草、施肥、修剪、病虫害防治等。

单位:10 株 · 年

定额编号			4－27	4－28	4－29	4－30
项目			规则式:一般造型(球形)			
			冠径(cm 以内)			冠径(cm)
			100	150	200	>200
基价(元)			141.03	234.68	388.23	611.41
其中	人工费(元)		30.83	42.24	60.19	87.97
	材料费(元)		34.21	41.48	49.15	59.35
	机械使用费(元)		46.10	103.78	202.93	345.75
	管理费(元)		12.23	18.60	29.21	44.82
	利润(元)		6.12	9.90	16.20	25.47
	其他措施费(元)		—	—	—	—
	安文费(元)		4.21	6.82	11.15	17.54
	规费(元)		7.33	11.86	19.40	30.51
名称	单位	单价(元)	数量			
综合工日	工日		(0.68)	(1.10)	(1.80)	(2.83)
定额工日(普工)	工日	87.10	0.354	0.485	0.691	1.010
水	m^3	5.13	3.200	3.600	4.000	4.800
药剂	kg	50.00	0.016	0.036	0.064	0.100
肥料	kg	2.00	8.000	10.000	12.000	14.000
其他材料费(占材料费)	%	—	3.000	3.000	3.000	3.000
洒水车 8000L	台班	486.63	<0.100>	<0.113>	<0.125>	<0.150>
打药车 8000L	台班	486.63	<0.001>	<0.002>	<0.004>	<0.006>
绿篱修剪机	台班	200.55	0.222	0.500	0.978	1.667
打药机	台班	80.00	0.003	0.006	0.011	0.017
其他机械费(占机械费)	%	—	3.000	3.000	3.000	3.000

续表

定额编号			4-31	4-32	4-33	4-34
项目			不规则式:复杂造型			
			冠径(cm 以内)			冠径(cm)
			100	150	200	>200
基价(元)			194.55	313.41	529.09	878.88
其中	人工费(元)		104.69	179.95	320.62	550.04
	材料费(元)		34.21	41.37	49.00	59.35
	机械使用费(元)		0.25	0.49	0.82	1.40
	管理费(元)		21.63	34.97	59.68	100.01
	利润(元)		11.70	19.62	34.29	58.23
	其他措施费(元)		—	—	—	—
	安文费(元)		8.06	13.51	23.61	40.10
	规费(元)		14.01	23.50	41.07	69.75
名称	单位	单价(元)	数量			
综合工日	工日		(1.30)	(2.18)	(3.81)	(6.47)
定额工日(普工)	工日	87.10	1.202	2.066	3.681	6.315
水	m^3	5.13	3.200	3.600	4.000	4.800
药剂	kg	50.00	0.016	0.034	0.061	0.100
肥料	kg	2.00	8.000	10.000	12.000	14.000
其他材料费(占材料费)	%	—	3.000	3.000	3.000	3.000
洒水车 8000L	台班	486.63	<0.100>	<0.113>	<0.125>	<0.150>
打药车 8000L	台班	486.63	<0.001>	<0.002>	<0.004>	<0.006>
打药机	台班	80.00	0.003	0.006	0.010	0.017
其他机械费(占机械费)	%	—	3.000	3.000	3.000	3.000

3.3　三级养护

工作内容：浇水、松土除草、施肥、修剪、病虫害防治等。

单位：10 株・年

定额编号				4－35	4－36	4－37	4－38
项目				规则式：一般造型（球形）			
				冠径（cm 以内）			冠径（cm）
				100	150	200	>200
基价（元）				114.10	185.16	301.44	469.73
其中	人工费（元）			25.52	34.14	47.64	68.37
	材料费（元）			29.78	36.26	43.04	51.72
	机械使用费（元）			34.66	77.87	152.07	259.28
	管理费（元）			10.11	14.81	22.84	34.51
	利润（元）			4.86	7.65	12.42	19.35
	其他措施费（元）			—	—	—	—
	安文费（元）			3.35	5.27	8.55	13.32
	规费（元）			5.82	9.16	14.88	23.18
名称		单位	单价（元）	数量			
综合工日		工日		(0.54)	(0.85)	(1.38)	(2.15)
定额工日（普工）		工日	87.10	0.293	0.392	0.547	0.785
水		m^3	5.13	2.400	2.700	3.000	3.600
药剂		kg	50.00	0.012	0.027	0.048	0.075
肥料		kg	2.00	8.000	10.000	12.000	14.000
其他材料费（占材料费）		%	—	3.000	3.000	3.000	3.000
洒水车　8000L		台班	486.63	<0.075>	<0.084>	<0.094>	<0.113>
打药车　8000L		台班	486.63	<0.001>	<0.002>	<0.003>	<0.005>
绿篱修剪机		台班	200.55	0.167	0.375	0.733	1.250
打药机		台班	80.00	0.002	0.005	0.008	0.013
其他机械费（占机械费）		%	—	3.000	3.000	3.000	3.000

续表

定额编号				4-39	4-40	4-41	4-42
项目				不规则式:复杂造型			
				冠径(cm以内)			冠径(cm)
				100	150	200	>200
基价(元)				156.04	246.17	409.04	672.59
其中	人工费(元)			82.22	138.66	244.23	416.25
	材料费(元)			29.78	36.15	42.94	51.78
	机械使用费(元)			0.16	0.33	0.66	1.07
	管理费(元)			17.38	27.39	45.88	76.20
	利润(元)			9.18	15.12	26.10	44.10
	其他措施费(元)			—	—	—	—
	安文费(元)			6.32	10.41	17.97	30.37
	规费(元)			11.00	18.11	31.26	52.82
名称		单位	单价(元)	数量			
综合工日		工日		(1.02)	(1.68)	(2.90)	(4.90)
定额工日(普工)		工日	87.10	0.944	1.592	2.804	4.779
水		m^3	5.13	2.400	2.700	3.000	3.600
药剂		kg	50.00	0.012	0.025	0.046	0.076
肥料		kg	2.00	8.000	10.000	12.000	14.000
其他材料费(占材料费)		%	—	3.000	3.000	3.000	3.000
洒水车 8000L		台班	486.63	<0.075>	<0.084>	<0.094>	<0.113>
打药车 8000L		台班	486.63	<0.001>	<0.002>	<0.003>	<0.005>
打药机		台班	80.00	0.002	0.004	0.008	0.013
其他机械费(占机械费)		%	—	3.000	3.000	3.000	3.000

第 5 章　草坪和地被、花卉

说　明

一、本章工作内容包括浇水、修剪、除草、施肥、病虫害防治、打孔、梳草、切边等。
二、本章的花卉是指一、二年生草花(不含摆放盆花)。

工程量计算规则

一、草坪按实际养护面积以“$100m^2$・年”为计量单位。

二、地被、花卉按实际养护面积以“$100m^2$・年”为计量单位。

1 草 坪

1.1 一级养护

工作内容：浇水、修剪、除草、施肥、病虫害防治、打孔、梳草、切边等。

单位：100m^2·年

定额编号			5-1	5-2
项目			冷季型草坪	暖季型草坪
基价(元)			2524.51	1590.17
其中	人工费(元)		708.82	376.53
	材料费(元)		794.94	617.49
	机械使用费(元)		478.70	289.82
	管理费(元)		200.97	114.10
	利润(元)		118.17	66.60
	其他措施费(元)		—	—
	安文费(元)		81.37	45.86
	规费(元)		141.54	79.77
名称	单位	单价(元)	数量	
综合工日	工日		(13.13)	(7.40)
定额工日(普工)	工日	87.10	8.138	4.323
水	m^3	5.13	93.760	66.200
药剂	kg	50.00	4.760	4.670
无机肥	kg	4.00	13.200	6.600
其他材料费(占材料费)	%	—	3.000	3.000
洒水车 8000L	台班	486.63	<2.880>	<2.000>
小型打药车(1~2t)	台班	447.27	0.510	0.410
草坪修剪机	台班	145.20	1.540	0.630
打孔机	台班	197.60	0.066	0.033
其他机械费(占机械费)	%	—	3.000	3.000

1.2　二级养护

工作内容：浇水、修剪、除草、施肥、病虫害防治、打孔、梳草、切边等。

单位：100m^2 · 年

定额编号			5－3	5－4
项目			冷季型草坪	暖季型草坪
基价（元）			2188.49	1363.58
其中	人工费（元）		600.12	306.85
	材料费（元）		708.55	553.42
	机械使用费（元）		418.40	250.45
	管理费（元）		171.26	94.40
	利润（元）		100.53	54.90
	其他措施费（元）		—	—
	安文费（元）		69.22	37.80
	规费（元）		120.41	65.76
名称	单位	单价（元）	数量	
综合工日	工日		（11.17）	（6.10）
定额工日（普工）	工日	87.10	6.890	3.523
水	m^3	5.13	81.230	56.180
药剂	kg	50.00	4.720	4.630
无机肥	kg	4.00	8.800	4.400
其他材料费（占材料费）	%	—	3.000	3.000
洒水车　8000L	台班	486.63	<2.480>	<1.680>
小型打药车（1～2t）	台班	447.27	0.470	0.370
草坪修剪机	台班	145.20	1.260	0.490
打孔机	台班	197.60	0.066	0.033
其他机械费（占机械费）	%	—	3.000	3.000

1.3　三级养护

工作内容：浇水、修剪、除草、施肥、病虫害防治、打孔、梳草、切边等。

单位：100m²·年

定额编号			5-5	5-6
项目			冷季型草坪	暖季型草坪
基价(元)			1912.29	1142.11
其中	人工费(元)		510.06	230.21
	材料费(元)		655.14	524.84
	机械使用费(元)		356.84	190.15
	管理费(元)		145.03	73.78
	利润(元)		84.96	42.66
	其他措施费(元)		—	—
	安文费(元)		58.50	29.37
	规费(元)		101.76	51.10
名称	单位	单价(元)	数量	
综合工日	工日		(9.44)	(4.74)
定额工日(普工)	工日	87.10	5.856	2.643
水	m^3	5.13	71.220	51.160
药剂	kg	50.00	4.710	4.590
无机肥	kg	4.00	8.800	4.400
其他材料费(占材料费)	%	—	3.000	3.000
洒水车　8000L	台班	486.63	<2.160>	<1.520>
小型打药车(1~2t)	台班	447.27	0.450	0.330
草坪修剪机	台班	145.20	0.910	0.210
打孔机	台班	197.60	0.066	0.033
其他机械费(占机械费)	%	—	3.000	3.000

2 地被、花卉

2.1 一级养护

工作内容：浇水、修剪、除草、施肥、病虫害防治、打孔、梳草、切边等。

单位：100m² · 年

定额编号				5-7	5-8
项目				地被	一、二年生草花
基价(元)				1242.73	2022.54
其中	人工费(元)			346.66	759.51
	材料费(元)			535.01	779.97
	机械使用费(元)			96.68	36.86
	管理费(元)			98.64	165.65
	利润(元)			57.42	97.20
	其他措施费(元)			—	—
	安文费(元)			39.54	66.93
	规费(元)			68.78	116.42
名称		单位	单价(元)	数量	
综合工日		工日		(6.38)	(10.80)
定额工日(普工)		工日	87.10	3.980	8.720
水		m³	5.13	60.084	62.584
药剂		kg	50.00	0.084	0.084
有机肥		kg	3.90	50.000	100.000
无机肥		kg	4.00	3.000	10.500
其他材料费(占材料费)		%	—	3.000	3.000
洒水车 8000L		台班	486.63	<1.920>	<2.000>
小型打药车(1~2t)		台班	447.27	0.080	0.080
草坪修剪机		台班	145.20	0.400	—
其他机械费(占机械费)		%	—	3.000	3.000

2.2 二级养护

工作内容：浇水、修剪、除草、施肥、病虫害防治、打孔、梳草、切边等。

单位：$100m^2$·年

定额编号				5-9	5-10
项目				地被	一、二年生草花
基价(元)				1050.48	1746.77
其中	人工费(元)			285.69	628.86
	材料费(元)			474.80	719.76
	机械使用费(元)			72.51	27.64
	管理费(元)			81.36	137.75
	利润(元)			47.16	80.64
	其他措施费(元)			—	—
	安文费(元)			32.47	55.53
	规费(元)			56.49	96.59
名称		单位	单价(元)	数量	
综合工日		工日		(5.24)	(8.96)
定额工日(普工)		工日	87.10	3.280	7.220
水		m^3	5.13	50.063	52.563
药剂		kg	50.00	0.063	0.063
有机肥		kg	3.90	50.000	100.000
无机肥		kg	4.00	1.500	9.000
其他材料费(占材料费)		%	—	3.000	3.000
洒水车 8000L		台班	486.63	<1.600>	<1.680>
小型打药车(1~2t)		台班	447.27	0.060	0.060
草坪修剪机		台班	145.20	0.300	—
其他机械费(占机械费)		%	—	3.000	3.000

2.3 三级养护

工作内容：浇水、修剪、除草、施肥、病虫害防治、打孔、梳草、切边等。

单位：100m^2·年

定额编号			5－11	5－12
项目			地被	一、二年生草花
基价(元)			910.23	1596.19
其中	人工费(元)		233.43	564.41
	材料费(元)		447.18	673.95
	机械使用费(元)		48.34	27.64
	管理费(元)		68.02	122.90
	利润(元)		39.24	71.82
	其他措施费(元)		—	—
	安文费(元)		27.02	49.45
	规费(元)		47.00	86.02
名称	单位	单价(元)	数量	
综合工日	工日		(4.36)	(7.98)
定额工日(普工)	工日	87.10	2.680	6.480
水	m^3	5.13	45.040	45.063
药剂	kg	50.00	0.042	0.063
有机肥	kg	3.90	50.000	100.000
无机肥	kg	4.00	1.500	7.500
其他材料费(占材料费)	%	—	3.000	3.000
洒水车 8000L	台班	486.63	<1.440>	<1.440>
小型打药车(1～2t)	台班	447.27	0.040	0.060
草坪修剪机	台班	145.20	0.200	—
其他机械费(占机械费)	%	—	3.000	3.000

第6章　竹　类

说 明

一、本章工作内容包括浇水、松土除草、施肥、修剪、病虫害防治、清理枯竹（老竹、断竹、竹蔸）、深翻断鞭、培土、清理积雪等。

二、本章竹类按高度分为200cm以内、500cm以内、>500cm 3个规格。

三、本章是按有浇灌设施编制的，不包含洒水车和水泵的费用。若是无浇灌设施的绿地，洒水车和水泵选其一计算。

四、本章是按照打药机编制的，如无打药机，则选择打药车替换计算。

工程量计算规则

竹类按实际养护面积以“100m^2 · 年”为计量单位。

1 竹 类

1.1 一级养护

工作内容:浇水、松土除草、施肥、修剪、病虫害防治、清理枯竹(老竹、断竹、竹蔸)、深翻断鞭、培土、清理积雪等。

单位:100m²·年

定额编号			6-1	6-2	6-3
项目			竹类		
			高度(cm以内)		高度(cm)
			200	500	>500
基价(元)			1366.97	1727.19	1859.11
其中	人工费(元)		574.53	751.34	758.44
	材料费(元)		466.10	561.55	675.17
	机械使用费(元)		10.96	12.11	17.55
	管理费(元)		117.44	149.43	151.55
	利润(元)		68.58	87.57	88.83
	其他措施费(元)		—	—	—
	安文费(元)		47.22	60.30	61.17
	规费(元)		82.14	104.89	106.40
名称	单位	单价(元)	数量		
综合工日	工日		(7.62)	(9.73)	(9.87)
定额工日(普工)	工日	87.10	6.350	8.380	8.400
一般技工	工日	134.00	0.160	0.160	0.200
水	m³	5.13	34.800	36.880	39.280
药剂	kg	50.00	0.800	0.880	1.280
有机肥	kg	3.90	60.000	80.000	100.000
其他材料费(占材料费)	%	—	3.000	3.000	3.000
洒水车 8000L	台班	486.63	<1.060>	<1.130>	<1.190>
打药车 8000L	台班	486.63	<0.050>	<0.055>	<0.080>
打药机	台班	80.00	0.133	0.147	0.213
汽油水泵 5.5kW	台班	36.17	<0.280>	<0.300>	<0.320>
其他机械费(占机械费)	%	—	3.000	3.000	3.000

1.2　二级养护

工作内容：浇水、松土除草、施肥、修剪、病虫害防治、清理枯竹（老竹、断竹、竹蔸）、深翻断鞭、培土、清理积雪等。

单位：100m²·年

定　额　编　号				6-4	6-5	6-6
项　目				竹类		
				高度（cm 以内）		高度（cm）
				200	500	>500
基　价（元）				1016.25	1269.92	1358.10
其中	人　工　费（元）			457.68	592.68	603.67
	材　料　费（元）			298.30	350.33	415.99
	机械使用费（元）			8.24	9.06	13.18
	管　理　费（元）			94.09	118.35	121.08
	利　润（元）			54.72	69.12	70.74
	其他措施费（元）			—	—	—
	安　文　费（元）			37.68	47.59	48.71
	规　费（元）			65.54	82.79	84.73
名　称		单位	单价（元）	数　量		
综合工日		工日		（6.08）	（7.68）	（7.86）
定额工日（普工）		工日	87.10	5.070	6.620	6.700
一般技工		工日	134.00	0.120	0.120	0.150
水		m³	5.13	27.800	29.460	31.360
药剂		kg	50.00	0.600	0.660	0.960
有机肥		kg	3.90	30.000	40.000	50.000
其他材料费（占材料费）		%	—	3.000	3.000	3.000
洒水车　8000L		台班	486.63	<0.850>	<0.900>	<0.950>
打药车　8000L		台班	486.63	<0.038>	<0.041>	<0.060>
打药机		台班	80.00	0.100	0.110	0.160
汽油水泵　5.5kW		台班	36.17	<0.230>	<0.240>	<0.250>
其他机械费（占机械费）		%	—	3.000	3.000	3.000

1.3 三级养护

工作内容：浇水、松土除草、施肥、修剪、病虫害防治、清理枯竹（老竹、断竹、竹蔸）、深翻断鞭、培土、清理积雪等。

单位：100m²·年

定额编号				6-7	6-8	6-9
项目				竹类		
				高度（cm 以内）		高度（cm）
				200	500	>500
基价（元）				764.26	934.90	993.44
其中	人工费（元）			366.96	461.90	473.29
	材料费（元）			190.76	219.46	257.24
	机械使用费（元）			5.52	6.02	8.82
	管理费（元）			75.29	92.43	94.85
	利润（元）			43.56	53.73	55.17
	其他措施费（元）			—	—	—
	安文费（元）			29.99	37.00	37.99
	规费（元）			52.18	64.36	66.08
名称		单位	单价（元）	数量		
综合工日		工日		(4.84)	(5.97)	(6.13)
定额工日（普工）		工日	87.10	4.090	5.180	5.280
一般技工		工日	134.00	0.080	0.080	0.100
水		m³	5.13	20.800	22.040	23.440
药剂		kg	50.00	0.400	0.440	0.640
有机肥		kg	3.90	15.000	20.000	25.000
其他材料费（占材料费）		%	—	3.000	3.000	3.000
洒水车 8000L		台班	486.63	<0.640>	<0.680>	<0.710>
打药车 8000L		台班	486.63	<0.025>	<0.028>	<0.040>
打药机		台班	80.00	0.067	0.073	0.107
汽油水泵 5.5kW		台班	36.17	<0.170>	<0.180>	<0.190>
其他机械费（占机械费）		%	—	3.000	3.000	3.000

第 7 章　水生植物

说　明

一、本章工作内容包括补水、改良土壤(含翻塘)、换盆、除草、施肥、病虫害防治、清理枯株枯叶、消毒等。

二、本章水生植物分为盆植、塘植两项。

三、本章水生植物的补水量为基本要求,实际补水超过该补水量时,超过部分另外计算。

四、本章塘植水生植物包括在底部非硬化水池、自然水塘、河流、湖泊、水库等水域内种植的水生植物。

五、本章塘植水生植物的面积以水生植物边沿外延0.5m测量。

工程量计算规则

一、水生植物塘植按实际养护面积以“$100m^2$·年”为计量单位。

二、水生植物盆植按实际养护数量以“10 盆·年”为计量单位。

1　水生植物

1.1　一级养护

工作内容:补水、改良土壤(含翻塘)、换盆、除草、施肥、病虫害防治、清理枯株枯叶、消毒等。

定额编号			7-1	7-2
项目			水生植物	
			塘植(100m^2·年)	盆植(10盆·年)
基价(元)			1602.27	399.29
其中	人工费(元)		476.85	153.16
	材料费(元)		871.38	181.02
	机械使用费(元)		31.62	0.66
	管理费(元)		83.18	24.96
	利润(元)		48.24	13.68
	其他措施费(元)		—	—
	安文费(元)		33.22	9.42
	规费(元)		57.78	16.39
名称	单位	单价(元)	数量	
综合工日	工日		(5.36)	(1.52)
定额工日(普工)	工日	87.10	5.147	1.080
一般技工	工日	134.00	0.213	0.441
水	m^3	5.13	133.333	20.000
药剂	kg	50.00	2.980	0.375
有机肥	kg	3.90	3.333	1.000
花盆	个	50.00	—	1.010
其他材料费(占材料费)	%	—	3.000	3.000
5m船	台班	48.59	0.500	—
打药机	台班	80.00	0.080	0.008
汽油水泵　5.5kW	台班	36.17	<1.110>	<0.167>
其他机械费(占机械费)	%	—	3.000	3.000

1.2 二级养护

工作内容:补水、改良土壤(含翻塘)、换盆、除草、施肥、病虫害防治、清理枯株枯叶、消毒等。

定额编号			7-3	7-4
项目			水生植物	
			塘植(100m²·年)	盆植(10盆·年)
基价(元)			1186.37	329.74
其中	人工费(元)		340.15	112.56
	材料费(元)		662.03	168.20
	机械使用费(元)		25.54	0.58
	管理费(元)		59.68	19.05
	利润(元)		34.29	10.17
	其他措施费(元)		—	—
	安文费(元)		23.61	7.00
	规费(元)		41.07	12.18
名称	单位	单价(元)	数量	
综合工日	工日		(3.81)	(1.13)
定额工日(普工)	工日	87.10	3.636	0.840
一般技工	工日	134.00	0.175	0.294
水	m^3	5.13	100.000	20.000
药剂	kg	50.00	2.400	0.367
有机肥	kg	3.90	2.500	0.500
花盆	个	50.00	—	0.808
其他材料费(占材料费)	%	—	3.000	3.000
5m 船	台班	48.59	0.400	—
打药机	台班	80.00	0.067	0.007
汽油水泵 5.5kW	台班	36.17	<0.830>	<0.167>
其他机械费(占机械费)	%	—	3.000	3.000

1.3 三级养护

工作内容:补水、改良土壤(含翻塘)、换盆、除草、施肥、病虫害防治、清理枯株枯叶、消毒等。

定额编号			7-5	7-6
项目			水生植物	
			塘植(100m²·年)	盆植(10盆·年)
基价(元)			845.82	283.88
其中	人工费(元)		253.66	88.23
	材料费(元)		454.03	156.71
	机械使用费(元)		19.38	0.41
	管理费(元)		44.97	15.41
	利润(元)		25.56	8.01
	其他措施费(元)		—	—
	安文费(元)		17.60	5.52
	规费(元)		30.62	9.59
名称	单位	单价(元)	数量	
综合工日	工日		(2.84)	(0.89)
定额工日(普工)	工日	87.10	2.700	0.653
一般技工	工日	134.00	0.138	0.234
水	m³	5.13	66.667	20.000
药剂	kg	50.00	1.820	0.359
有机肥	kg	3.90	2.000	0.333
花盆	个	50.00	—	0.606
其他材料费(占材料费)	%	—	3.000	3.000
5m船	台班	48.59	0.300	—
打药机	台班	80.00	0.053	0.005
汽油水泵 5.5kW	台班	36.17	<0.560>	<0.167>
其他机械费(占机械费)	%	—	3.000	3.000

第 8 章　卫生清洁

说　明

一、本章卫生清洁分为绿地、硬化、水面、垃圾外运四项。

二、本章工作内容包括清扫、保洁、水面打捞、冲洗、清理树挂、清运等。公厕管理和灭鼠灭蚊蝇不在本定额范围内，可参照河南省相关行业的标准执行。

三、本章中绿地清洁包括绿地内的植物、构筑物及地面附属设施的清洁，如无构筑物及地面附属设施，定额基价乘以系数 0.50；构筑物及地面附属设施占比小于 20% 的，定额基价乘以系数 0.70；水面面积按照水体岸线进行测量。

四、本章水面一、二、三级养护均为专人管理。

五、本章定额子目中的绿地是指种植绿地。

工程量计算规则

卫生清洁、垃圾外运按实际面积以“$1000m^2$ · 年”为计量单位。

1　卫生清洁

1.1　一级养护

工作内容：清扫、保洁、水面打捞、冲洗、清理树挂、清运等。

单位：1000m² · 年

定额编号			8－1	8－2	8－3
项目			卫生清洁		
			绿地	硬化	水面
基价(元)			4863.06	12727.61	2730.26
其中	人工费(元)		3179.15	7947.88	1589.58
	材料费(元)		180.49	1024.04	388.00
	机械使用费(元)		—	—	—
	管理费(元)		555.26	1385.27	278.59
	利润(元)		328.50	821.25	164.25
	其他措施费(元)		—	—	—
	安文费(元)		226.19	565.49	113.10
	规费(元)		393.47	983.68	196.74
名称	单位	单价(元)	数量		
综合工日	工日		(36.50)	(91.25)	(18.25)
定额工日(普工)	工日	87.10	36.500	91.250	18.250
水	m³	5.13	6.000	60.000	—
钳子	把	30.00	0.034	0.125	—
打捞网	把	30.00	—	—	0.050
铁钎	把	30.00	0.033	0.083	—
船	艘	4000.00	—	—	0.050
铁耙	个	40.00	0.100	—	—
拖把	个	20.00	—	2.500	—
大扫帚	把	15.00	0.100	6.000	—
水衣	套	200.00	—	—	0.050
小扫帚	把	6.00	0.200	6.000	—
救生衣	套	100.00	—	—	0.050
拾物器	把	15.00	0.100	0.500	—
簸箕	个	5.00	0.200	6.000	—
胶鞋	双	35.00	0.100	0.500	0.050
钢刷	把	15.00	—	0.250	—
电动三轮车	辆	6750.00	0.020	0.063	0.025
水桶	个	20.00	—	0.250	0.050
蛇皮管	m	1.80	—	25.000	—
冲洗设备	台班	150.00	<0.105>	<6.000>	—

1.2 二级养护

工作内容:清扫、保洁、水面打捞、冲洗、清理树挂、清运等。

单位:1000m²·年

定额编号				8-4	8-5	8-6
项目				卫生清洁		
				绿地	硬化	水面
基价(元)				3957.41	9827.70	2076.59
其中	人工费(元)			2647.84	6358.30	1271.66
	材料费(元)			48.69	464.47	202.40
	机械使用费(元)			8.40	—	—
	管理费(元)			462.78	1108.60	223.26
	利润(元)			273.60	657.00	131.40
	其他措施费(元)			—	—	—
	安文费(元)			188.39	452.39	90.48
	规费(元)			327.71	786.94	157.39
名称		单位	单价(元)	数量		
综合工日		工日		(30.40)	(73.00)	(14.60)
定额工日(普工)		工日	87.10	30.400	73.000	14.600
水		m^3	5.13	3.200	32.000	—
钳子		把	30.00	0.021	0.100	—
打捞网		把	30.00	—	—	0.040
铁钎		把	30.00	0.028	0.067	—
船		艘	4000.00	—	—	0.040
铁耙		个	40.00	0.083	—	—
拖把		个	20.00	—	2.000	—
大扫帚		把	15.00	0.083	4.800	—
水衣		套	200.00	—	—	0.040
小扫帚		把	6.00	0.167	4.800	—
救生衣		套	100.00	—	—	0.040
拾物器		把	15.00	0.083	0.400	—
簸箕		个	5.00	0.167	4.800	—
胶鞋		双	35.00	0.083	0.400	0.040
钢刷		把	15.00	—	0.200	—
电动三轮车		辆	6750.00	0.003	0.010	0.004
水桶		个	20.00	—	0.200	0.040
蛇皮管		m	1.80	—	20.000	—
冲洗设备		台班	150.00	—	<3.200>	—
冲洗设备		台班	150.00	0.056	—	—

1.3 三级养护

工作内容:清扫、保洁、水面打捞、冲洗、清理树挂、清运等。

单位:1000m^2·年

定额编号			8-7	8-8	8-9
项目			卫生清洁		
			绿地	硬化	水面
基价(元)			3153.66	8102.59	1930.03
其中	人工费(元)		2116.53	5295.68	1060.01
	材料费(元)		31.38	303.86	367.46
	机械使用费(元)		4.20	—	—
	管理费(元)		370.31	923.65	186.42
	利润(元)		218.70	547.20	109.53
	其他措施费(元)		—	—	—
	安文费(元)		150.59	376.78	75.42
	规费(元)		261.95	655.42	131.19
名称	单位	单价(元)	数量		
综合工日	工日		(24.30)	(60.80)	(12.17)
定额工日(普工)	工日	87.10	24.300	60.800	12.170
水	m^3	5.13	1.600	16.000	—
钳子	把	30.00	0.017	0.042	—
打捞网	把	30.00	—	—	0.033
铁钎	把	30.00	0.022	0.056	—
船	艘	4000.00	—	—	0.033
铁耙	个	40.00	0.067	—	—
拖把	个	20.00	—	1.167	—
大扫帚	把	15.00	0.067	4.000	—
水衣	套	200.00	—	—	0.033
小扫帚	把	6.00	0.133	4.000	—
救生衣	套	100.00	—	—	0.033
拾物器	把	15.00	0.067	0.033	—
簸箕	个	5.00	0.133	4.000	—
胶鞋	双	35.00	0.067	0.033	0.033
钢刷	把	15.00	—	0.167	—
电动三轮车	辆	6750.00	0.002	0.008	0.033
水桶	个	20.00	—	0.167	0.033
蛇皮管	m	1.80	—	16.667	—
冲洗设备	台班	150.00	—	<1.600>	—
冲洗设备	台班	150.00	0.028	—	—

2　垃圾外运

工作内容：清扫、保洁、水面打捞、冲洗、清理树挂、清运等。

单位：1000m²·年

定额编号				8－10
项目				垃圾外运
基价(元)				1259.28
其中	人工费(元)			—
	材料费(元)			—
	机械使用费(元)			1139.71
	管理费(元)			45.28
	利润(元)			25.74
	其他措施费(元)			—
	安文费(元)			17.72
	规费(元)			30.83
名称		单位	单价(元)	数量
综合工日		工日		(2.86)
载重汽车　4t		台班	398.64	2.859

第 9 章　巡查保护

说　明

一、本章工作内容包括:负责园林绿地游园秩序,劝导和制止不文明行为;检查绿地内的安全隐患,及时发现问题,并告知相关部门及时处理;保护园林绿地及设施财产安全,制止侵绿毁绿行为,发现重大违法违规事件,及时上报相关执法部门处理。

本章一级养护费用包含门岗设置,如一级养护范围无门岗,乘以系数0.8;二、三级养护费用不包含门岗设置,如二、三级养护范围有门岗,乘以系数1.2。

二、本章巡查保护等级可根据绿地安全情况确定,与绿地养护等级无关。

工程量计算规则

巡查保护按实际面积以“$1000m^2$·年”为计量单位。

1 巡查保护

1.1 一级养护

工作内容:巡查,保护,建立台账、日志。

单位:$1000m^2$ · 年

定额编号				9 - 1
项目				一级巡查保护
基价(元)				2299.93
其中	人工费(元)			1560.83
	材料费(元)			—
	机械使用费(元)			—
	管理费(元)			273.59
	利润(元)			161.28
	其他措施费(元)			—
	安文费(元)			111.05
	规费(元)			193.18
名称		单位	单价(元)	数量
综合工日		工日		(17.92)
定额工日(普工)		工日	87.10	17.920

1.2 二级养护

工作内容：巡查，保护，建立台账、日志。

单位：1000m² · 年

定额编号				9-2
项目				二级巡查保护
基价(元)				1309.94
其中	人工费(元)			888.42
	材料费(元)			—
	机械使用费(元)			—
	管理费(元)			156.55
	利润(元)			91.80
	其他措施费(元)			—
	安文费(元)			63.21
	规费(元)			109.96
名称		单位	单价(元)	数量
综合工日		工日		(10.20)
定额工日(普工)		工日	87.10	10.200

1.3 三级养护

工作内容：巡查，保护，建立台账、日志。

单位：1000m^2·年

定额编号				9-3
项目				三级巡查保护
基价(元)				604.64
其中	人工费(元)			409.37
	材料费(元)			—
	机械使用费(元)			—
	管理费(元)			73.17
	利润(元)			42.30
	其他措施费(元)			—
	安文费(元)			29.13
	规费(元)			50.67
名称		单位	单价(元)	数量
综合工日		工日		(4.70)
定额工日(普工)		工日	87.10	4.700

附录　河南省城市绿地养护标准

河南省工程建设标准

河南省城市绿地养护标准

Urban Green Space Maintaince Standard of Henan Province

DBJ41/T172 - 2017

主 编 单 位:河南省风景园林学会
参 编 单 位:郑州市园林局
洛阳市园林局
平顶山市园林绿化管理处
安阳市园林绿化管理局
信阳市园林绿化管理局
黄河园林集团有限公司
郑州市园林绿化实业有限公司
河南希芳阁绿化工程股份有限公司
河南鼎盛园林工程有限公司
春泉园林股份有限公司
河南省绿洲园林有限公司
批 准 单 位:河南省住房和城乡建设厅
施 行 日 期:2017 年 8 月 1 日

河南省住房和城乡建设厅文件

豫建设标〔2017〕43 号

河南省住房和城乡建设厅关于发布河南省工程建设标准《河南省城市绿地养护标准》的通知

各省辖市、省直管县(市)住房和城乡建设局(委),郑州航空港经济综合实验区市政建设环保局,各有关单位:

由河南省风景园林学会主编的《河南省城市绿地养护标准》已通过评审,现批准为我省工程建设地方标准,编号为 DBJ41/T172 -2017,自 2017 年 8 月 1 日起在我省施行。

此标准由河南省住房和城乡建设厅负责管理,技术解释由河南省风景园林学会负责。

河南省住房和城乡建设厅

2017 年 6 月 28 日

前　言

为深入贯彻《城市绿化条例》和中央城市工作会议精神，落实河南省委、省政府“美丽河南”部署，进一步加强河南省城市园林绿化建设工作，完善城市绿地管理体系，提升现有城市园林绿地品质，改善城市生态环境，保障人民生活健康，实现可持续发展，根据河南省住房和城乡建设厅关于制定《河南省城市绿地养护标准》的要求，编制组根据多年的绿地管养经验，在不断总结和深入调研的基础上编制了本标准，并广泛征求行业各界意见。

本标准共7章，主要技术内容包括：总则；术语；城市绿地养护分级；分类养护；卫生清洁；园林建筑及设施维护；巡查保护。

本标准由河南省住房和城乡建设厅负责管理，由河南省风景园林学会负责具体技术内容的解释。各单位在试行过程中如有意见或建议，请反馈至河南省风景园林学会（地址：郑州高新技术开发区冬青街55号郑州高新企业加速器产业园D9－4号楼一楼）。

主 编 单 位：河南省风景园林学会
参 编 单 位：郑州市园林局
洛阳市园林局
平顶山市园林绿化管理处
安阳市园林绿化管理局
信阳市园林绿化管理局
黄河园林集团有限公司
郑州市园林绿化实业有限公司
河南希芳阁绿化工程股份有限公司
河南鼎盛园林工程有限公司
春泉园林股份有限公司
河南省绿洲园林有限公司
参 编 人 员：陈华平　郭风春　刘江明　胡智慧　韩兴阳
王　领　向炎辉　董莹莹　韩建江　闫瑞凤
李桂芝　史屹峰　郑代平　毕庆坤　朱晓宇
郭　真　赵　岩　杨永青　闫创新　姚　宏
杨利利　赵志营　徐昌桢　罗　民　罗　娟
韩莉娟　吕锡敏　铁　慧　宋笑萍　王新权
郭　峰　王跃茹　何成俊　袁美丽　尚向华
曾西芬　王　磊　马芳芳　张　超　李庆恩
牛桂英　杨如意　王　静　孙瑞芳　陈　伟
郑　娜
审 查 人 员：田国行　李跃堂　申林芝　郑重玖　全文彬
张新玲　靳建芹

目　次

1 总 则

1.0.1 为提高河南省城市绿地养护管理水平，规范城市绿地养护管理行为，根据国家、河南省相关法规、规范的要求，结合省内实际情况制定本标准。

1.0.2 本标准适用于河南省行政区域内各类城市绿地的养护管理。

1.0.3 本标准对各类城市绿地的养护管理进行了等级划分，并对各类城市绿地内的植物养护、卫生清洁、设施维护、巡查保护等方面的分级养护管理标准做出了具体规定。

1.0.4 进行城市绿地养护管理时，除执行本标准外，还应符合现行国家及河南省相关标准、规范和规程的要求。

2 术 语

2.0.1 园林建筑

城市绿地中供人游览、观赏、休憩并构成景观的建筑物或构筑物的统称。

2.0.2 园林设施

城市绿地中供休憩、装饰、景观、展示和为园林管理及方便游人使用的小型设施。包括园林小品、围栏(墙)、照明、牌示、给排水、铺装等各类设施。

2.0.3 卫生清洁

使用保洁工具,对城市绿地及其周围环境进行清扫、冲洗、消毒,保持城市绿地环境整洁、干净有序,并维护设施设备完好。

2.0.4 保护巡查

为了保护园林绿地免受破坏、侵占和损坏,根据国家有关城市建设、城市园林绿化方面的政策、法规和规章,对城市绿地、绿化植物、园林建筑设施等进行日常巡逻、监管和保护的行为。

2.0.5 地被

也称作地被植物,是指某些有较高观赏价值,铺设于裸露平地或坡地,或适于林下和林间隙地等环境且覆盖地面的多年生草本和低矮丛生、枝叶密集或偃伏性或半蔓性的灌木以及藤本植物。

2.0.6 生物防治

利用有益生物或其他生物,以及其他生物的分泌物和提取物来抑制或消灭有害生物的一种防治方法。

2.0.7 生物防治率(%)

采用生物防治技术的绿地面积与绿地总面积之比。

2.0.8 病虫株率(%)

受病虫危害的树木株数与树木总株数之比。

2.0.9 单株受害率(%)

单株植物体上病虫危害比例,即每株植物体病虫危害绿量与总绿量之比。

2.0.10 病虫危害率(%)

指草坪、地被、草花、整形植物等单位面积发生的病虫害。

3　城市绿地养护分级

3.0.1　根据绿地的位置重要性和管理难易程度，城市绿地养护管理由高到低分为一级养护、二级养护、三级养护。

3.0.2　本标准一、二级养护应建立养护台账，且有完整的管理档案。

4　分类养护

4.1　乔木（含行道树）

4.1.1　一级养护

1　树形优美，树冠丰满，无偏冠现象；树木保存率在99%以上；行道树林冠线一致，树干挺直，分枝点高度统一、规格一致。

2　生长势强，枝繁叶茂，年生长量超过均值，无枯枝，生长期无非正常落叶现象。

3　每年整形修剪2～3次，强度适宜，疏密得当，主侧枝条分布匀称；抹芽及时彻底；枯死枝、内膛乱枝、交叉枝、平行枝、衰弱枝、病虫枝等影响树形树势的枝条修除率在98%以上；剪口、锯口平滑，涂敷得当；与周围环境相协调，较好地解决树木与电线、建筑物、交通等之间的矛盾。

4　根据季节和生长情况应及时浇灌、排水、施肥，每年施肥次数不少于3次，其中有机肥不少于2次，方法科学，无缺施、无肥害。

5　病虫害防治及时，生物防治率在60%以上，单株受害率在8%以内，受害株率在3%以内。

6　树穴无杂草危害，应保持透水透气；树穴采取通透性覆盖的应保证覆盖植物生长良好，覆盖材料完整。根据树种规格统一树穴规格，大小一致，景观效果良好。

7　及时去除死株，种植季节必须7日内完成补植，补植树与原树种规格一致，应按照《园林绿化工程施工及验收规范》（CJJ82－2012）执行。

8　树穴内无垃圾，树干上无违法悬挂物、无树挂。

4.1.2　二级养护

1　树形优美，树冠丰满，无偏冠现象；树木保存率在95%以上；行道树林冠线一致，树干挺直，分枝点高度统一、规格一致。

2　生长势强，枝繁叶茂，年生长量达到均值；无大型枯枝，生长期无明显非正常落叶现象。

3　每年整形修剪不少于1次，强度适宜，疏密得当，主侧枝条分布匀称；抹芽及时彻底；枯死枝、内膛乱枝、交叉枝、平行枝、衰弱枝、病虫枝等影响树形树势的枝条修除率在95%以上；剪口、锯口平滑，涂敷得当；与周围环境相协调，较好地解决树木与电线、建筑物、交通等之间的矛盾。

4　根据季节和生长情况适时浇灌、排水、施肥，每年施肥次数不少于2次，其中有机肥不少于1次，方法科学，无缺施、无肥害。

5　病虫害防治及时，生物防治率在50%以上，无明显危害症状，单株受害率不超过10%，受害株率不超过5%。

6　树穴内无明显杂草危害，应保持透水透气；树穴采取通透性覆盖的应保证覆盖植物生长良好，覆盖材料完整。根据树种规格统一树穴规格，大小一致。

7　及时去除死株，种植季节必须15日内完成补植，补植树必须与原树种规格一致，按照《园林绿化工程施工及验收规范》（CJJ82－2012）操作。

8　树干上无违法悬挂物、无树挂。

4.1.3　三级养护

1　树形优美，树冠丰满，无偏冠现象；树木保存率在90%以上；行道树林冠线基本一致，分枝点高度基本统一、规格相当。

2　生长势正常，年生长量达到均值。

3　每年修剪不少于1次，强度适宜，疏密得当，主侧枝条分布匀称；抹芽及时；修剪枯死枝、内膛乱枝、交叉枝、平行枝、衰弱枝、劈裂枝、病虫枝等影响树形树势的枝条，修除率在90%以上；剪口、锯口平滑，涂敷得当。

4　根据季节和生长情况适时浇灌、排水、施肥，每年施肥次数不少于1次；施肥种类适宜，方法科学，无缺施、无肥害。

5　植株无严重的有害生物危害状，单株受害率不超过15%，受害株率不超过10%。

6　树穴内基本无杂草危害，保持透水透气。

7　及时去除死株，种植季节必须30日内完成补植，补植树必须与原树种规格一致，按照《园林绿化工程施工及验收规范》(CJJ82－2012)操作。

8　树穴内基本无生活垃圾；树干基本上无违法悬挂物、无树挂。

4.2　灌木

4.2.1　一级养护

1　树冠丰满，树形优美，枝条分布匀称，数量适宜；树木保存率达到98%以上；树穴边线清晰，线条流畅。

2　生长势强，枝繁叶茂，叶色正常有光泽；无枯死枝，生长期无非正常落叶；开花树种花繁色艳。

3　修剪科学合理，适时适度，每年不少于2次；剪口平滑，不留杈口，芽长势饱满；枯死枝、内膛乱枝、病虫枝等影响树势、树形的枝条修除率达98%以上。影响树势、树形的萌芽、萌蘖及时抹除，抹芽率达98%以上。

4　每年施肥不少于3次，其中有机肥不少于2次；方法科学，无缺施、无肥害。

5　依据生长季节、天气、植物种类、立地条件科学浇灌，无旱相；雨后及时排涝、排湿，积水不超过12h；叶面浮尘冲洗及时。

6　病虫害防控及时，无明显病症、害虫，单株受害率控制在3%以内；生物防治率在65%以上。

7　树穴内松土除草及时，无杂草危害。

8　及时去除死株，种植季节在7日内完成补植，补植树种同原树种，规格一致。

4.2.2　二级养护

1　树冠丰满，树形优美，枝条分布匀称，数量适宜；树木保存率在95%以上；树穴边线清晰。

2　生长势强，枝壮叶茂，叶色正常有光泽；无明显枯死枝，无明显生长期非正常落叶；开花树种花繁色艳。

3　修剪科学合理，适时适度，每年不少于2次；剪口平滑，不留杈口，芽长势饱满；枯死枝、内膛乱枝、病虫枝等影响树势、树形的枝条修除率在95%以上。影响树势、树形的萌芽、萌蘖及时抹除，抹芽率在95%以上。

4　每年施肥不少于2次，其中有机肥不少于1次；方法科学，无缺施、无肥害。

5　依据生长季节、天气、植物种类、立地条件科学浇灌，无明显旱相；雨后及时排涝、排湿，积水不超过24h；叶面浮尘冲洗及时。

6　病虫害防治及时，无明显病症、害虫，单株受害率控制在5%以内；生物防治率在55%以上。

7　松土除草及时，无明显杂草危害。

8　及时去除死株，种植季节在15日内完成补植；补植树种同原树种，规格一致。

4.2.3　三级养护

1　树冠完整，枝条分布基本匀称，数量适宜；树木保存率在90%以上。

2　生长正常，枝壮叶茂，叶色正常；无明显枯死枝，无明显生长期非正常落叶；开花树种开花正常。

3 修剪每年不少于1次，剪口平滑，不留杈口，芽长势饱满；枯死枝、内膛乱枝、病虫枝等影响树势、树形的枝条修除率在90%以上。影响树势、树形的萌芽、萌蘖及时抹除，抹芽率在90%以上。

4 每年施肥不少于1次，肥料种类适宜，方法科学，无缺施、无肥害。

5 依据生长季节、天气、植物种类、立地条件科学浇灌，无明显旱相；雨后及时排涝、排湿，积水不超过48h。

6 病虫害防控及时，无明显病症、害虫，单株受害率控制在8%以内；生物防治率在40%以上。

7 松土除草比较及时，基本无明显杂草危害。

8 及时去除死株，种植季节在30日内完成补植；补植树种同原树种，规格基本一致。

4.3 整形植物

4.3.1 一级养护

1 规则式整形植物轮廓清楚，线条整齐流畅、美观；平面式绿篱顶面平整，高度一致，侧面平直、无凹凸；曲线式整形植物和色块植物线条自然流畅，色彩鲜艳。层次分明，全株枝叶丰满，满足设计要求，无缺植断垄。造型植物枝叶茂密，形体美观，轮廓清楚；表面平整、圆润平滑；不露枝干，不露捆扎物。

2 植株生长健壮。

3 规则式整形植物修剪保持3面以上平整，直线笔直，曲线流畅，每年修剪应不少于10次；造型植物每年修剪应不少于10次。

4 无明显的病虫危害症状，病虫危害率应控制在5%以下，无杂草。

5 根据植物的习性、季节、天气及立体条件进行浇灌，全年应不少于20次。

6 每年施肥不少于3次，其中有机肥不少于2次，花篱花芽分化后应追施磷肥、钾肥。

7 植株应及时冲洗，无积尘。

8 松土除草及时，每年不少于8次。

4.3.2 二级养护

1 规则式整形植物轮廓清楚，线条整齐；平面式绿篱顶面平整，高度一致协调；曲线式整形植物和色块植物线条自然，色彩鲜艳。层次分明，整齐美观，全株枝叶丰满，基本满足设计要求，无残缺植株；景观效果基本满足设计要求，形体美观；开花期基本一致，自然，无缺株。造型植物枝叶茂密，形体美观，轮廓清楚；表面平整、圆润，不露捆扎物。

2 植株生长健壮。

3 规则式整形植物修剪保持3面以上平整，曲线式整形植物和色块植物线条流畅，每年修剪应不少于8次；造型植物每年修剪应不少于8次。

4 无明显的病虫危害症状，病虫危害率应控制在8%以下，无杂草。

5 根据植物的生长及开花特性进行合理浇灌，每年不少于17次；排水畅通，植物没有失水萎蔫现象。

6 每年施肥不少于2次，其中有机肥不少于1次，花篱花芽分化后应追施磷肥、钾肥。

7 植株适时冲洗，基本无积尘。

8 松土除草及时，每年应不少于7次。

4.3.3 三级养护

1 规则式整形植物轮廓清楚，顶面平整，高度基本一致，基本满足设计要求，无明显缺株断垄，开花期基本一致。造型植物枝叶茂密，形体美观，轮廓清楚，不露捆扎物。

2 植株生长正常。

3　规则式整形植物修剪保持3面以上基本平整，每年修剪应不少于6次；造型植物每年修剪应不少于6次。

4　无明显的病虫危害症状，病虫危害率应控制在10%以下，无明显杂草。

5　每年浇灌不少于15次，植物不得出现明显失水萎蔫现象。

6　施肥每年不少于2次，其中有机肥不少于1次，花篱花芽分化后应追施磷肥、钾肥。

7　植株应及时冲洗除尘。

8　松土除草每年应不少于6次。

4.4　草坪和地被植物

4.4.1　一级养护

1　草坪成坪高度保持在10cm以内，地势平整，无坑洼积水。地被种植密度合理，植株规格一致。单品种草坪纯度95%以上，无明显践踏。

2　生长旺盛，生长季节不枯黄，无大于$0.2m^2$集中斑秃，覆盖率达98%。生长期叶片大小、颜色正常，无黄叶、焦叶、卷叶等。

3　暖季型草坪每年修剪应不少于9次，冷季型草坪每年修剪应不少于22次，观花地被植物应及时进行花后修剪。修剪后无残留草屑，无漏草；与侧石、绿篱结合部应断地边，应分界明显、连线清晰。

4　暖季型草坪、地被每年施肥不少于3次，冷季型草坪每年施肥不少于6次。无缺施、无肥害。

5　适时浇灌，无失水萎蔫现象，排灌系统完好，雨后2h内无积水。

6　对被破坏或其他原因引起死亡的草坪、地被应在3日内完成补植，使其保持完整。采用同品种补植，疏密适度，保证补植后1个月内覆盖率达95%，且无补植痕迹。

7　草坪打孔、疏草，冷季型每年各不少于2次，暖季型每年各不少于1次。

8　病虫危害率控制在5%以内，杂草率控制在5%以下。

4.4.2　二级养护

1　草坪成坪高度保持在10cm以内，基本平整。地被种植密度合理，植株规格整齐。单品种草坪纯度在95%以上，人为践踏及时恢复。

2　生长良好，生长季节不枯黄，无大于$0.2m^2$集中斑秃，覆盖率达95%。生长期叶片大小、颜色正常，无黄叶、焦叶、卷叶等。

3　暖季型草坪每年修剪应不少于7次，冷季型草坪每年修剪应不少于18次，观花地被植物应及时进行花后修剪。修剪后无残留草屑，无漏草；与侧石、绿篱结合部应断地边，应分界明显、连线清晰。

4　暖季型草坪、地被每年施肥不少于2次，冷季型草坪每年施肥不少于4次。无缺施、无肥害。

5　适时浇灌，无失水萎蔫现象。排灌系统完好，雨后2h内无积水。

6　对被破坏或其他原因引起死亡的草坪、地被应在7日内完成补植，使其保持完整。采用同品种补植，疏密适度，保证补植后1个月内覆盖率达95%。

7　草坪打孔、疏草，冷季型每年各不少于2次，暖季型每年各不少于1次。

8　病虫危害率控制在10%以内，杂草率控制在5%以下。

4.4.3　三级养护

1　草坪成坪高度保持在10cm以内，基本平整。地被种植密度合理，植株规格相当。单品种草坪纯度在90%以上，人为践踏及时恢复。

2 长势正常，无大于0.5m^{2}集中斑秃，覆盖率达90%。生长期无明显黄叶、焦叶、卷叶等。

3 暖季型草坪每年修剪不少于3次，冷季型草坪每年修剪不少于13次。

4 暖季型草坪、地被每年施肥不少于2次，冷季型草坪每年施肥不少于4次。无缺施、无肥害。

5 适时浇灌，无失水萎蔫现象。排灌系统完好，雨后2h内无积水。

6 对被破坏或其他原因引起死亡的草坪、地被应在15日内完成补植，使其保持完整。采用同品种补植，疏密适度，保证补植后1个月内覆盖率达90%。

7 草坪打孔、疏草，冷季型每年不少于2次，暖季型每年不少于1次。

8 病虫危害率控制在15%以内，杂草率控制在9%以下。

4.5 竹类植物

4.5.1 一级养护

1 生长健壮，竹叶翠绿。

2 散生竹挺拔俊秀，丛生竹紧凑优美。

3 竹林密度适中，分布均匀，通风透光，干净整洁；无老竹、断竹、枯死竹、倒伏竹，无残蔸，无开花竹。竹龄组成应达到：1～3年竹40%，4～6年竹45%以上，7～10年竹15%以下，无10年以上老竹。

4 土壤疏松、肥沃、湿润。每3年深翻、断鞭不少于1次，深翻时清除老鞭、枯死鞭；每年施有机肥不少于1次；水分保证生长需要，每年浇灌应不少于10次；每年修剪应不少于2次，除草应不少于3次。病虫株率控制在2%以内，生物防治率达50%以上，无人为踩踏。

4.5.2 二级养护

1 生长正常，无枯黄枝叶。

2 散生竹挺拔俊秀，丛生竹紧凑优美。

3 竹林密度基本适中，分布均匀，通风透光，干净整洁；无枯死竹，无开花竹，断竹、倒伏竹不得超过1%，清理及时；残蔸不得超过5%。竹龄组成应达到：1～3年竹40%，4～6年竹45%以上，6～10年竹15%以下，10年以上老竹不得超过1%，主要养空。

4 土壤疏松、湿润。每4年深翻、断鞭应不少于1次，深翻时清除老鞭、枯死鞭；每年施肥应不少于1次，以施有机肥为主；水分保证生长需要，每年浇灌应不少于8次；每年修剪应不少于1次，除草应不少于2次。病虫株率控制在4%以内，生物防治率达50%以上，无人为踩踏。

4.5.3 三级养护

1 生长正常，无枯死枝叶。

2 散生竹挺拔俊秀，丛生竹紧凑优美。

3 竹林密度基本适中，分布基本均匀，通风透光；无枯死竹，无开花竹，断竹、倒伏竹不得超过2%，且清理及时；残蔸不得超过10%。竹龄组成宜达到：1～3年竹40%，4～6年竹45%以上，6～10年竹15%以下，10年以上老竹不得超过1%，主要养空。

4 土壤基本疏松、湿润。每5年深翻、断鞭1次，深翻时清除老鞭、枯死鞭；每2年施肥应不少于1次，以有机肥为主；水分保证生长需要，每年浇灌应不少于6次；每年修剪、除草各应不少于1次。病虫株率控制在6%以内，生物防治率达50%以上，踩踏不明显。

4.6 藤本植物

4.6.1 一级养护

1 形态优美，枝条分布匀称，疏密得当，保存率在98%以上。

2 生长健壮、藤繁叶茂，叶色正常，有光泽；无枯死枝，无非正常落叶；开花树种花繁色艳。

3 每年修剪不少于3次，及时剪除徒长枝、下垂枝、枯枝、老弱藤蔓及过密枝；每年应理藤1次，藤蔓分布均匀，厚度适当。

4 每年施肥不少于3次，其中施有机肥不少于2次；方法科学，无缺施、无肥害。

5 依据生长季节、天气、植物种类、立地条件恰当浇灌；叶面浮尘冲洗及时。

6 病虫害防治及时，无明显病症、害虫，单株受害率控制在3%以内；生物防治率达65%以上。

7 松土除草及时，无明显杂草危害。

8 死株及时去除，种植季节7日内完成补植；补植树种同原品种规格一致。

4.6.2 二级养护

1 形态优美，枝条分布匀称，疏密得当，保存率在95%以上。

2 生长健壮、藤繁叶茂，叶色正常，有光泽；无明显枯死枝，无明显非正常落叶；开花树种花繁色艳。

3 每年修剪应不少于2次，及时剪除徒长枝、下垂枝、枯枝、老弱藤蔓及过密枝；每2年理藤应不少于1次，藤蔓分布均匀，厚度适当。

4 每年施肥应不少于1次；肥料种类适宜，方法合理；无缺施、无肥害。

5 浇灌、排涝：依据生长季节、天气、植物种类、立地条件恰当浇灌；雨后及时排涝、排湿，积水不超过18h；叶面浮尘冲洗及时。

6 病虫害防治及时，无明显病症、害虫，单株受害率控制在5%以内；生物防治率达55%以上。

7 松土除草及时，无明显杂草危害。

8 及时去除死株，种植季节15日内完成补植；补植树种同原品种规格一致。

4.6.3 三级养护

1 形态优美，枝条分布匀称，疏密得当；覆盖率在85%以上，保存率在90%以上。

2 生长健壮、藤繁叶茂，叶色正常；无明显枯死枝，无明显非正常落叶；开花树种开花正常。

3 每年修剪不少于1次，及时剪除徒长枝、下垂枝、枯枝、老弱藤蔓；每3年应理藤1次，藤蔓分布均匀，厚度适当。

4 每年施肥不少于1次；肥料种类适宜，方法合理；无缺施、无肥害。

5 依据生长季节、天气、植物种类、立地条件恰当浇灌，无明显旱相；雨后及时排涝、排湿，积水不超过24h。

6 病虫害防治及时，无明显病症、害虫，单株受害率控制在8%以内；生物防治率达40%以上。

7 松土除草及时，无明显杂草危害。

8 及时去除死株，种植季节季内完成补植；补植树种同原品种规格基本一致。

4.7 水生植物

4.7.1 一级养护

1 生长旺盛。

2 株形优美，叶色翠绿光亮、叶面整洁；花大朵密，花色艳丽，无残花败梗；无病虫危害，无枯株枯叶，无腐株腐叶，无杂草，修剪产生的枯枝残叶随产随清，不留污迹。片栽应分布均匀，密度适中，通风采光良好。

3 盆栽每年补水应不少于6次，塘栽每年补水应不少于4次。

4 盆栽应每年换土施肥1次，塘栽应每3年改善土壤并施肥1次。

5 易受冻害的盆栽水生植物冬季应采取防寒措施。

4.7.2 二级养护

1 生长正常。

2 株形优美，叶色正常；开花及时，花色艳丽，残花败梗不得超过1%；病虫株率不得超过2%，且防治及时；无腐株腐叶，无杂草，枯株枯叶不得超过5%，修剪产生的枯枝残叶随产随清，不留污迹。片栽密度适中，分布均匀，通风采光基本良好。

3 盆栽每年补水应不少于6次，塘栽每年补水应不少于3次。

4 盆栽应每2年换土施肥1次，塘栽应每4年改善土壤并施肥1次。

5 易受冻害的盆栽水生植物冬季应采取防寒措施。

4.7.3 三级养护

1 生长正常。

2 株形优美，叶色无异样；开花正常，花色艳丽，残花败梗不得超过2%；病虫株率不得超过5%，且防治及时；无腐株腐叶，枯株枯叶不得超过10%，基本无杂草，修剪产生的枯枝残叶随产随清，不留污迹。片栽分布基本均匀，密度基本适中，通风采光基本良好。

3 盆栽每年补水应不少于6次，塘栽每年补水应不少于2次。

4 盆栽应每3年换土施肥1次，塘栽应每5年改善土壤并施肥1次，以施有机肥为主。

5 易受冻害的盆栽水生植物冬季应采取防寒措施。

4.8 一、二年生草花

4.8.1 一级养护

1 配置合理，色彩明快，线条优美，株行距适宜，土壤无板结，管理精细，观赏效果良好。

2 生长健壮，株形圆满，整齐一致，叶色正常，无黄叶、焦叶，生长季节无非正常落叶。适时开花，花大色艳，观赏期长，品质优良。

3 根据天气情况及生长习性等进行施肥和浇灌，每年应浇水不少于25次，无旱涝现象。每年施肥应不少于8次，施肥种类适宜，其中施有机肥不少于1次。无缺施、无肥害。

4 草花栽植艺术性强，轮廓清晰，高低一致，疏密均匀。无倒伏、无残梗败花败絮，随缺随补，更新、补植及时，补植无痕迹，根据草花种类每年更新次数应不少于4次。

5 坚持预防为主，科学防控，病虫防治及时，无明显病虫危害，病虫危害率在2%以内，无杂草。

6 草花株丛内外整洁，无败花残梗残株、干枯枝叶，无生产垃圾及其他废弃物。

7 及时在雨后或浇后松土除草，每年应不少于25次。

4.8.2 二级养护

1 搭配合理，色彩整齐，线条优美，株行距适宜，土壤无板结，管理较精细，观赏效果好。

2 植株较健壮，株形圆满，高低基本一致。叶色正常，有光泽，无黄叶、焦叶、枯萎叶，生长季节无非正常落叶。适时开花，花大色艳，品质优良。

3 根据天气情况及草花生长习性等进行施肥和浇灌，每年浇水应不少于20次，基本无旱涝现象。每年施肥应不少于7次，其中施有机肥应不少于1次，施肥种类适宜，无缺施、无肥害。

4 栽植应轮廓清晰，高低一致，疏密均匀。无倒伏，无死枝败花，随缺随补，更新、补植较及时，无明显补植痕迹，根据草花种类每年更新次数应不少于4次。

5 及时科学防控草花病虫，基本无病虫危害症状。草花病虫危害率在5%以内，无明显杂草。

6 草花株丛内外整洁，基本无干枯枝叶、败花残梗死株，无生产垃圾及其他废弃物。

7 及时在雨后或浇后松土除草，每年应不少于20次。

4.8.3 三级养护

1 搭配基本合理,色彩一致,株行距适宜,基本无残梗败花,管理基本到位,有美化效果。

2 植株生长较正常,株形基本一致。开花植物正常开花。

3 根据天气情况及草花生长习性进行施肥和浇灌,每年浇水应不少于 18 次。每年施肥应不少于 6 次,其中施有机肥应不少于 1 次,施肥种类基本适宜。

4 栽植高低基本一致,疏密基本均匀。定期修剪残梗败花,按时补植更新,根据草花种类每年更新次数应不少于 3 次。

5 及时进行病虫防治,病虫危害率在 10% 以内,基本无杂草。

6 草花株丛内外基本完好,无较明显垃圾及生活废弃物。

7 及时在雨后或浇后松土除草,每年应不少于 18 次。

5 卫生清洁

5.1 绿地

5.1.1 一级清洁

1 城市绿地环境卫生作业应做到文明、清洁、卫生、有序，最大限度地减少对环境的污染和对市民生活的影响。

2 全天巡回保洁，保持卫生清洁，应无积存垃圾和人畜粪便。植物、硬化面、构(建)筑物及设施等保持完好美观，内外干净整洁，可见本色；无尘土，无蜘蛛网，无明显污渍，文字规范，无过时破损标语，无乱贴乱画、乱拉乱挂、乱搭乱建、乱挖乱占、乱堆乱放；陈设物品摆放有序。蚊蝇滋生季节，应喷药灭蚊蝇，在可视范围内苍蝇应少于3只/次。保洁废弃物控制指标：果皮(片/1000m^2)≤4，纸屑、塑膜(片/1000m^2)≤4，烟蒂(个/1000m^2)≤4，痰迹(处/1000m^2)≤4，无污水及其他垃圾。

3 雨、雪过后，应及时清扫、清除干净。干旱、严重缺水城市，可根据具体情况及时冲洗植物、硬化面及设施表面的浮尘。每年冲洗次数不少于15次，结冰期不宜冲洗。

4 水面应有专人负责，及时清除、打捞水域垃圾及漂浮物，在可视范围内水面不得有单个面积在0.02m^2以上的漂浮垃圾或动物尸体。水体无污染，水面干净。

5 售货摊点的设置不应影响环境卫生。经营饮食、果品等易产生垃圾的摊位，应自备容器。摊点及周围2m范围内应无垃圾杂物和其他污物污迹，摊位应整洁。

6 地面清扫应采用湿扫，先喷水，再清扫，严格控制扬尘。

7 垃圾不得随意倾倒，应分类收集，倒入指定地点，无外溢、无恶臭，严禁焚烧。生产垃圾随产随清，生物垃圾有效利用。

8 清洁人员应当统一着装，保障人员安全。

5.1.2 二级清洁

1 城市绿地环境卫生作业应做到文明、清洁、卫生和有序，最大限度地减少对环境的污染和对市民生活的影响。

2 全天巡回清扫保洁，保持卫生清洁，应无积存垃圾和人畜粪便。植物、硬化面、构(建)筑物及设施等保持完好美观，内外干净整洁，基本见本色；无尘土，无蜘蛛网，无明显污渍，文字规范，无过时破损标语，无乱贴乱画、乱拉乱挂、乱搭乱建、乱挖乱占、乱堆乱放。陈设物品摆放有序。分类收集垃圾，定点存放，定期清除。蚊蝇滋生季节，定期喷药灭蚊蝇，在可视范围内苍蝇应少于3只/次。保洁废弃物控制指标：果皮(片/1000m^2) ≤6，纸屑、塑膜(片/1000m^2) ≤6，烟蒂(个/1000m^2) ≤8，痰迹(处/1000m^2) ≤8，污水(m^2/1000m^2) ≤0.5，其他(处/1000m^2) ≤ 2。

3 雨、雪过后，应及时清扫、清除干净。干旱、严重缺水城市，可根据具体情况定时冲洗植物、硬化面及设施表面的浮尘。每年冲洗次数不少于8次，结冰期不宜冲洗。

4 水面应有专人负责，定时清除、打捞水域垃圾及漂浮物，在可视范围内水面不得有单个面积在0.05m^2以上的漂浮垃圾或动物尸体。水体无污染，水面干净。

5 售货摊点的设置不应影响环境卫生。经营饮食、果品等易产生垃圾的摊位，应自备容器。摊点及周围2m范围内应无垃圾杂物和其他污物污迹，摊位整洁。

6 地面清扫应采用湿扫，先喷水，再清扫，严格控制扬尘。

7 垃圾不得随意倾倒，应分类收集，倒入指定地点，无外溢、无恶臭，严禁焚烧。生产垃圾随产随清,生物垃圾有效利用。

8 清洁人员应当统一着装,保障人员安全。

5.1.3 三级清洁

1 城市绿地环境卫生作业应做到文明、清洁、卫生和有序,最大限度地减少对环境的污染和对市民生活的影响。

2 定时清扫保洁,保持卫生基本清洁,无积存垃圾和人畜粪便。植物、硬化面、构(建)筑物及设施等基本完好美观,内外干净整洁,可见基本色;无积尘,无蜘蛛网,无明显污渍,文字基本规范,无过时破损标语,基本无乱贴乱画、乱拉乱挂、乱搭乱建、乱挖乱占、乱堆乱放。垃圾定点存放,定时清除。蚊蝇滋生季节,应喷药灭蚊蝇,在可视范围内苍蝇应少于5只/次。保洁废弃物控制指标:果皮(片/1000m^2)≤8,纸屑、塑膜(片/1000m^2)≤10,烟蒂(个/1000m^2)≤10,痰迹(处/1000m^2)≤10,污水(m^2/1000m^2)≤1.5,其他(处/1000m^2)≤6。

3 雨、雪过后,应按时清扫、清除干净。干旱、严重缺水城市,可根据具体情况冲洗植物、硬化面及设施表面的浮尘。每年冲洗次数不少于4次,结冰期不宜冲洗。

4 水面应有专人负责,定时清除、打捞水域垃圾及漂浮物,在可视范围内水面不得有单个面积在0.5m^2以上的漂浮垃圾或动物尸体。水体无污染,水面干净。

5 售货摊点的设置不应影响环境卫生。经营饮食、果品等易产生垃圾的摊位,应自备容器。摊点及周围2m范围内基本无垃圾杂物和其他污物污迹,摊位基本整洁。

6 地面清扫应采用湿扫,先喷水,再清扫,严格控制扬尘。

7 垃圾不得随意倾倒,应倒入指定地点(垃圾中转站),严禁焚烧,生产垃圾日产日清。

8 清洁人员应当统一着装,保障人员安全。

5.2 公共厕所

5.2.1 公共厕所(简称公厕,下同)标牌齐全、规范、美观。

5.2.2 公厕内设施齐全完好,应保持整洁,无积灰,无污物。包括门窗、排气扇、照明、蹲便器、坐便器、隔板、洗手池、镜子、冲水、防蚊蝇设施等。

5.2.3 公厕内墙壁、天花板、门窗、隔板应保持干净,无乱贴乱画,内外墙体无剥落。

5.2.4 公厕内及时打药、无恶臭和较大异味、无蚊蝇、无蜘蛛网、无蛆虫等。

5.2.5 纸篓及时倾倒清扫,便池内无尿碱,便池内外无粪便。

5.2.6 水管阀门及时检修,无跑、冒、滴、漏现象,地面无积水。

5.2.7 公厕外(5m以内)环境整洁,无垃圾积存、污水杂物。

5.2.8 专人管理,制度健全,统一上墙。

5.2.9 管理员上班要坚守岗位,不得睡觉、下棋、打牌、干私活等。

5.2.10 公厕不能正常使用要及时上报,及时维修。

5.2.11 管理房保持整洁、物品摆放整洁有序,不得放置与工作无关的杂物或私人物品。

一、二、三级公厕清洁标准见表5.2.11。

5.3 垃圾运输

5.3.1 垃圾转运

1 转运站应密闭,应有防尘、防污染扩散及污水处置等设施,应配备消防器材,无私拉挂扯电线现象,确保用电安全。

2 转运站内外场地应整洁,无撒落垃圾和堆积杂物,无积留污水。

3 室内通风应良好,无恶臭,墙壁、窗户应无积尘、蛛网。

表 5.2.11　公厕保洁质量控制指标

名称	级别		
	一级清洁	二级清洁	三级清洁
纸屑(片)	无	≤1	≤2
烟蒂(个)	无	≤1	≤2
粪迹(处)	无	无	无
痰迹(处)	无	≤1	≤2
臭味(级)	≤0	≤1(水厕)	≤2(水厕)
苍蝇(只)	无	无(无水厕)≤3	≤3(水厕)
蛛网	无	无	无
窗格积灰	无	无	微

注:应有防蝇、防蚊和除臭设施或措施。

4　进入站内的垃圾应当日转运,有储存设施的,应加盖封闭,定时转运。

5　站内垃圾装运容器应整洁,无积垢,无吊挂垃圾。

6　装卸垃圾应有降尘措施,地面应无散落垃圾和污水。

7　垃圾应及时转运,蚊蝇滋生季节应定时喷药灭蚊蝇,在可视范围内苍蝇应少于 3 只/次,无恶臭。

8　场地应有专人管理,工具、物品置放应有序整洁。

5.3.2　垃圾运输

1　车容应整洁,车体外部无污物、灰垢,标志应清晰。

2　运输垃圾应密闭,在运输过程中无垃圾扬、撒、拖挂和污水滴漏。

3　垃圾装运量应以车辆的额定荷载和有效容积为限,不得超重、超高运输。

4　装卸垃圾应符合作业要求,不得乱倒、乱卸、乱抛垃圾。

5　运输作业结束,应将车辆清洗干净(结冰期除外),清洗污水应符合《污水排入城镇下水道水质标准》(GB/T31962－2015),方可排入城市污水管网或附近水体。

6 园林建筑及设施维护

6.1 园林建筑

6.1.1 一级维护

1 新建筑每2年应全面检修1次,古建筑或10年以上的建筑每年应至少检修1次,应做到定期定时维护,及时更换破损或损坏的设施,保持建筑和构筑物外貌完整,构件和各项设施完全到位,并能保持清洁、美观,完好无损,建筑室内陈设完好。

2 应配备消防、用电安全设施,每年必须检修或更换1次,杜绝结构、装修和设备隐患。

6.1.2 二级维护

1 新建筑每3年应全面检修1次,古建筑或10年以上的建筑每年应至少检修1次,发现破损或损坏现象,应及时维修,保持建筑物和构筑物外貌完整,构件和各项设施到位,并能保持清洁、美观,完好无损,建筑室内陈设完好。

2 应配备消防、用电安全设施,每年应检修或更换1次,杜绝结构、装修和设备隐患。

6.1.3 三级维护

1 新建筑每5年应全面检修1次,古建筑或10年以上的建筑每年应至少检修1次,发现破损或损坏现象,在本年内修复到位,保持建筑物和构筑物外貌完整,构件和各项设施基本到位,并能保持清洁、美观,完好无损,建筑室内陈设完好。

2 应配备消防、用电安全设施,杜绝结构、装修和设备隐患。

6.2 园林设施

6.2.1 一级维护

1 每半年应全面检修1次,做到定时定期维护,及时更换破损或损坏的设施,保持园林设施外观完整,功能完善,各项设施完好,并能保持清洁、美观、无损。

2 不宜攀爬的设施和照明等电力装置必须有醒目标志和防护设备,杜绝结构、装饰和设备隐患。

6.2.2 二级维护

1 每年应全面检修1次,更换破损或损坏的设施,保持园林设施外观完整,构件和各项设施到位,并能保持清洁、美观,完好无损。

2 不宜攀爬的设施和照明等电力装置有醒目标志和防护设备,杜绝结构、装饰和设备隐患。

6.2.3 三级维护

1 每2年应全面检修1次,更换破损或损坏的设施,保持园林设施外观完整,构件和各项设施基本到位。

2 不宜攀爬的设施和照明等电力装置有标志和防护设备,杜绝结构、装饰和设备隐患。

7 巡查保护

7.1.1 一级巡查

1 确保园林绿地的生产和使用秩序,劝导和制止折花、攀枝、摘花等不文明行为;检查绿地内可能发生的安全隐患,及时发现问题,并告知相关部门及时处理;保护园林绿地财产安全,发现重大违法违规事件,及时上报相关执法部门处理。无乱停乱放、乱搭乱建和乱摆乱挂等不文明现象;无侵绿毁绿等违法违规行为;无设施安全隐患。

2 公园绿地每日巡查应不少于3次(上午、下午和晚上各1次);道路绿地每日巡查不少于2次。

3 建立巡查台账,编制巡查日志。

7.1.2 二级巡查

1 确保园林绿地的生产和使用秩序,劝导和制止折花、攀枝、摘花等不文明行为;检查绿地内可能发生的安全隐患,发现问题,告知相关部门处理;保护园林绿地财产安全,发现重大违法违规事件,上报相关执法部门处理。无乱停乱放、乱搭乱建和乱摆乱挂等不文明现象;无侵绿毁绿等违法违规行为;无设施安全隐患。

2 公园绿地每日巡查应不少于2次(白天和晚上各1次);道路绿地每日巡查应不少于1次。

3 建立巡查台账,编制巡查日志。

7.1.3 三级巡查

1 确保园林绿地的生产和使用秩序,劝导和制止折花、攀枝、摘花等不文明行为;检查绿地内可能发生的安全隐患,发现问题,告知相关部门处理;保护园林绿地财产安全,发现重大违法违规事件,上报相关执法部门处理。无乱停乱放、乱摆乱挂等不文明现象;无侵绿毁绿等违法违规行为;基本无设施安全隐患。

2 公园绿地每日巡查应不少于1次;道路绿地每2天巡查不少于1次。

3 建立巡查台账,编制巡查日志。

本标准用词说明

一、为便于在执行本规范条文时区别对待,对要求严格程度不同的用词说明如下:

1. 表示很严格,非这样做不可的用词:

正面词采用“必须”;

反面词采用“严禁”。

2. 表示严格,在正常情况下均应这样做的用词:

正面词采用“应”;

反面词采用“不应”或“不得”。

3. 表示允许稍有选择,在条件许可时首先应这样做的用词:

正面词采用“宜”;

反面词采用“不宜”。

4. 表示有选择,在一定条件下可以这样做的,采用“可”。

二、条文中指明应按其他有关标准执行的,写法为“应符合……的规定”或“应按……执行”。

引用标准名录

1 《游乐设施安全规范》GB8408
2 《主要花卉产品等级 第7部分:草坪》GB/T18247.7
3 《城市污水再生利用 景观环境用水水质》GB/T18921
4 《城市道路绿化规划与设计规范》CJJ75
5 《城市古树名木养护和复壮工程技术规范》GB/T51168
6 《城市绿地分类标准(附条文说明)》CJJ/T85
7 《园林基本术语标准》CJJ/T91
8 《园林绿地灌溉工程技术规程》CECS243
9 《园林绿化工程施工及验收规范》CJJ82-2012
10 《河南省附属绿地绿化规划设计规范》DBJ41/T099-2010
11 《污水排入城镇下水道水质标准》GB/T31962-2015
12 《污水综合排放标准》GB8978
13 《城市环境卫生质量标准》

河南省工程建设标准

河南省城市绿地养护标准

DBJ41/T172 – 2017

条 文 说 明

制定说明

《河南省城市绿地养护标准》(DBJ41/T172－2017),经河南省住房和城乡建设厅2017年6月28日以豫建设标〔2017〕43号公告批准发布。

为便于园林管理、设计、施工、科研、学校等单位的有关人员在使用本标准时能正确理解和执行条文规定,《河南省城市绿地养护标准》编制组按章、节、条顺序编制了本标准的条文说明,对条文规定的目的、依据以及执行中需注意的有关事项进行了说明。但是本条文说明不具备与标准正文同等的法律效力,仅供使用者作为理解和把握标准规定的参考。

目　次

4　分类养护

4.1　乔木(含行道树)

包含落叶乔木、常绿乔木、行道树。

4.3　整形植物

包括绿篱、花篱、色块和造型植物,不包含盆景。

4.5　竹类植物

禾本科竹亚科植物的总称。

散生竹:单轴散生型竹子,地下茎具横走的单轴竹鞭,竹秆在地面呈散生状。

丛生竹:合轴丛生型竹子,地下茎形成多节的假鞭,开芽无根,竹秆在地面呈密集丛生状。

竹鞭:竹类植物的地下根状茎。

竹子四季青翠,挺拔秀美,是园林绿化中优良的观赏植物。因其生态特性与众不同,养护措施也有明显差别。

1　规定了竹子不同等级生长要求。

2~3　规定了竹子不同等级养护管理所应达到的景观要求。

4　竹子喜疏松、肥沃、湿润土壤。土壤一般3~5年需深翻并断鞭1次,深20~40 cm,同时清除6年以上老鞭及枯鞭、残蔸,保留3~5年壮龄竹鞭。施肥依据竹子生长的4个关键时期进行,即长鞭期、孕笋期、催笋期、拔节期,以施有机肥为主。竹子喜湿润,尤其是催笋、拔节、长鞭、笋芽分化期水分一定要充足,但又不能积水成涝,否则会影响竹子生长。各地市可根据本地市年均降水量确定浇灌次数和浇水量。竹子不需大量修剪,但每年秋季要砍除老竹,日常养护及时清除死竹、断竹、病虫竹、倒伏竹、病虫死枝。冬季需钩梢防雪压,但不作为标准条文规定。在国家园林城市标准中,将“生物防治推广率≥50%”作为附加项,所以本条提出在条件许可时首先应达到这一标准。本条对竹子不同养护等级施肥、浇水、病虫害防治、修剪、踩踏的最低养护要求进行了说明。

4.7　水生植物

生在不同水深处的土壤中或漂浮在水中的植物,包含湿生植物。

根据生活方式,水生植物可分为挺水植物、浮叶植物、浮水植物、沉水植物、水缘植物。

1　规定了水生植物不同养护等级的生长要求。

2　规定了水生植物不同养护等级最基本的景观要求。

3　水体深度因植物种类而不同,如荷花喜0.3~1.2m的相对静水,水深超1.5m不能开花,睡莲要求水深不超过0.8m,而凤眼莲则对水深要求不严,故水深未作具体规定。各地市可根据本地市年均降水量确定补水次数和补水量。本条规定了水生植物不同养护等级对水体的基本要求和补水次数,以《景观娱乐用水水质标准》(GB12941-91)作为对水体管理质量的最低要求。

4　水生植物有自然水塘栽植和人工盆栽之分,自然水体的底部土壤不作处理。本条规定了盆栽和塘栽水生植物的土壤和施肥要求。

5　品种不同,防冻措施不同,产生的费用不一,未作具体要求,各地可根据实际情况安排。

6　园林建筑及设施维护

6.2　园林设施

对城市绿地内的园林建(构)筑物及园林设施设备等维护。

版权说明